中国甘薯生产指南系列丛书

ZHONGGUO GANSHU SHENGCHAN
ZHINAN XILIE CONGSHU

甘薯
绿色轻简化栽培技术手册

全国农业技术推广服务中心
国家甘薯产业技术研发中心　主编

中国农业出版社
北　京

中国甘薯生产指南系列丛书

编 委 会

主　编：马代夫　鄂文弟

副主编：刘庆昌　张立明　张振臣　赵　海　李　强
　　　　贺　娟　万克江

编　者（按姓氏笔画排列）：

万克江	马　娟	马代夫	马居奎	马梦梅
王　欣	王云鹏	王公仆	王叶萌	王亚楠
王庆美	王连军	王洪云	王容燕	木泰华
方　扬	尹秀波	冯宇鹏	朱　红	乔　奇
后　猛	刘　庆	刘中华	刘亚菊	刘庆昌
汤　松	孙　健	孙红男	孙厚俊	孙健英
苏文瑾	杜志勇	李　欢	李　晴	李　强
李秀花	李育明	李宗芸	李洪民	李爱贤
杨冬静	杨虎清	吴　腾	邱思鑫	汪宝卿
张　苗	张　鸿	张　辉	张　毅	张力科
张文婷	张文毅	张立明	张永春	张成玲
张振臣	张海燕	陆国权	陈　雪	陈井旺
陈书龙	陈彦杞	陈晓光	易卓林	岳瑞雪
周全卢	周志林	庞林江	房伯平	赵　海

胡良龙	钮福祥	段文学	侯夫云	贺　娟
秦艳红	柴莎莎	徐　飞	徐　聪	高　波
高闰飞	唐　君	唐忠厚	黄振霖	曹清河
崔阔澍	梁　健	董婷婷	傅玉凡	谢逸萍
靳艳玲	雷　剑	解备涛	谭文芳	翟　红

甘薯绿色轻简化栽培技术手册
编 委 会

主　编：张立明　万克江　马代夫

副主编：李洪民　李育明　杨新笋　胡良龙
　　　　刘　庆　梁　健　贺　娟

编　者（按姓氏笔画排序）：

万克江　马代夫　王公仆　王叶萌　王连军

刘　庆　苏文瑾　杜志勇　李　欢　李育明

李洪民　吴　腾　汪宝卿　张文毅　张立明

张海燕　陈彦杞　陈晓光　周全卢　胡良龙

段文学　贺　娟　柴莎莎　唐忠厚　鄂文弟

梁　健　雷　剑　解备涛

提供图片和资料人员（按姓氏笔画排序）：

王公仆　王　冰　王叶萌　王亚楠　王连军

尹秀波　刘　明　杜志勇　李　欢　李育明

李洪民　吴　腾　汪宝卿　张海燕　陈晓光

周全卢　段文学　贺　娟　柴莎莎　靳　容

雷　剑　解备涛

前　言

　　我国是世界最大的甘薯生产国，常年种植面积约占全球的30%，总产量约占全球的60%，均居世界首位。甘薯具有超高产特性和广泛适应性，是国家粮食安全的重要组成部分。甘薯富含多种活性成分，营养全面均衡，是世界卫生组织推荐的健康食品，种植效益突出，是发展特色产业、助力乡村振兴的优势作物。全国种植业结构调整规划（2016—2020年）指出：薯类作物要扩大面积、优化结构，加工转化、提质增效；适当调减"镰刀弯"地区（包括东北冷凉区、北方农牧交错区、西北风沙干旱区、太行山沿线区及西南石漠化区，在地形版图中呈现由东北—华北—西南—西北镰刀弯状分布，是玉米种植结构调整的重点地区）玉米种植面积，改种耐旱耐瘠薄的薯类作物等；按照"营养指导消费、消费引导生产"的要求，发掘薯类营养健康、药食同源的多功能性，实现加工转化增值，带动农民增产增收。

　　近年甘薯产业发展较快，在农业产业结构调整和供给侧改革中越来越受重视，许多地方政府将甘薯列入产业扶贫项目。但受多年来各地对甘薯生产重视程度不高等影响，甘薯从业者对于产业发展情况的了解、先进技术的掌握还不够全面，对于甘薯储藏加工和粮经饲多元应用的手段还不够熟悉。

为加强引导甘薯适度规模种植和提质增效生产，促进产业化水平全面提升，全国农业技术推广服务中心联合国家甘薯产业技术研发中心编写了"中国甘薯生产指南系列丛书"（以下简称"丛书"）。本套"丛书"共包括《甘薯实用知识手册》《甘薯品种与良种繁育手册》《甘薯绿色轻简化栽培技术手册》《甘薯主要病虫害防治手册》和《甘薯储藏与加工技术手册》5个分册，旨在全面解读甘薯产前、产中、产后全产业链开发的关键点，是指导甘薯全产业生产的一套实用手册。

"丛书"撰写力求体现以下特点。

一是2019年中央1号文件指出大力发展紧缺和绿色优质农产品生产，推进农业由增产导向转向提质导向。"丛书"着力深化绿色理念，更加强调适度规模科学发展和绿色轻简化技术解决方案，加强机械及有关农资的罗列参考，力求促进绿色高效产出。

二是针对我国甘薯种植分布范围广、生态类型复杂等特点，"丛书"组织有关农业技术人员、产业体系专家和技术骨干等，在深入调研的基础上，分区域提出技术模式参考、病虫害防控要点等。尤其针对现阶段生产中的突出问题，提出加强储藏保鲜技术和防灾减灾应急技术等有关建议。

三是配合甘薯粮经饲多元应用的特点，"丛书"较为全面地阐释甘薯种质资源在鲜食、加工、菜用、观赏园艺等方面的特性以及现阶段有关产品发展情况和生产技术要点等，旨在多角度介绍甘薯，促进生产从业选择，为甘薯进一步开发应用及延长产业链提供参考。

　　四是结合生产中的实际操作，给出实用的指南式关键技术、技术规程或典型案例，着眼于为读者提供可操作的知识和技能，弱化原理、推理论证以及还处于研究试验阶段的内容，不苛求甘薯理论体系的完整性与系统性，而更加注重科普性、工具性和资料性。

　　"丛书"由甘薯品种选育、生产、加工、储藏技术研发配套等方面的众多专家学者和生产管理经验丰富的农业技术推广专家编写而成，内容丰富、语言简练、图文并茂，可供各级农业管理人员、农业技术人员、广大农户和有意向参与甘薯产业生产、加工等相关从业人员学习参考。

　　本套"丛书"在编写过程中得到了全国农业技术推广服务中心、国家甘薯产业技术研发中心、农业农村部薯类专家指导组的大力支持，各省（自治区、直辖市）农业技术推广部门也提供了大量资料和意见建议，在此一并表示衷心感谢！由于甘薯相关登记药物较少，"丛书"中涉及了部分有田间应用基础的农药等，但具体使用还应在当地农业技术人员指导下进行。因"丛书"涉及内容广泛、编写时间仓促，加之水平有限，难免存在不足之处，敬请广大读者批评指正。

编　者

2020 年 8 月

目　录

前言

第一章

甘薯高产高效栽培技术基础知识

　　甘薯是我国重要的粮食、饲料和工业原料作物，在长期的科研和生产实践过程中，甘薯高产栽培技术日趋成熟。本章主要阐述甘薯育苗期、移栽期、大田期和收获期等不同生育期的生产技术要点，介绍肥料、地膜等农用物资选用的一般常识，以及甘薯的需肥规律和施肥技术、覆膜形式和覆膜技术等，为甘薯高产高效栽培提供技术支撑。

一、甘薯不同生育期生产技术要点

（一）育苗期技术要点

　　育苗的目的是为了得到壮苗，促进产量提高。壮苗的参考标准是：苗龄35～40天，长度20～25厘米，春薯苗百株苗鲜重1.0千克，夏薯苗1.5千克左右，薯苗叶片肥厚、叶色较深、顶叶齐平、节间粗短、剪口多白浆、秧苗不老化不过嫩、无气生根，无病虫害。

　　1. 苗床的选择　北方薯区应选择背风向阳、排水良好、地下水位低、地势平坦、靠近水源和管理方便的地方搭建苗床。苗床以双膜覆盖拱棚为主，可设置加温的火炕、电炕，东西向，一般宽1.2～1.5米，长度根据薯种多少而定，床土要疏松、肥沃、无病菌，最好用沙壤土。

　　长江中下游薯区苗床搭建应选择背风向阳、水源方便、土层深厚、土质肥沃的地方。苗床以双膜、单膜拱棚为主。床土应深翻耙细，整平后开厢；厢面宽度依膜宽而定，一般比膜窄30厘米，厢面应做成中间略高的瓦背形（图1）。

南方薯区苗床搭建应选择地势稍高、背风向阳、排灌良好、靠近水源、管理方便的地方。苗床以单膜拱棚、地膜、露地育苗三者并重。床土应整地起垄，垄宽为0.8～1.0米，垄高30厘米左右，长度视需要而定，四周开环田排水沟。

图1　不同类型的苗床
A.小拱棚双膜育苗　B.小拱棚育苗　C.塑料大棚三膜育苗　D.冬暖棚育苗

2. 育苗时间　视实时气候情况而定，一般要求气温稳定在7～8℃时开始育苗。北方薯区常在3月底至4月初排种，升温较快的年份可提前到3月初至3月中下旬。长江中下游薯区，一般2月下旬至3月上中旬排种。南方薯区春薯育苗在气温稳定在15℃以上时，苗床垄上开沟，浇足底水，排种于沟中；秋薯育苗在4月前后排种，5月底至6月中旬从育苗圃中剪苗进行二级假植扩繁，或在夏薯中直接剪苗栽插，在苗高20厘米时摘心打顶，适当追施速效氮肥，促分枝，培育嫩壮苗，为大田栽植作准备；冬薯育苗在6月后开始排种。

3. **品种选择** 应选择高产优质、适应性广、抗病性好的甘薯品种，如淀粉型品种可选择商薯19、济薯25、徐薯22、秦薯5号、冀薯98、烟薯29、济薯21、洛薯13、渝薯17、川薯219、西成薯007、湘薯20等；鲜食型品种可选择烟薯25、济薯26、普薯32、龙薯9号、广薯87、苏薯8号、徐薯32等；紫薯品种可选择济紫薯1号、徐紫薯8号、徐紫薯6号、秦紫薯2号、宁紫薯4号、渝紫薯7号、南紫薯008、绵紫薯9号、广紫薯1号等。

4. **种薯处理** 选取具有原品种特征，薯形端正，无冷、冻、涝、伤和病害的薯块作为种薯。为了防止种薯带病，可用药剂浸种处理。

5. **排种** 因为薯块头部发芽多、尾部发芽少，排种时应该将薯块头部朝向一个方向，做到头部对齐；同时将大薯、小薯分开排列，大薯适当密排而小薯适当稀排。为有利于薯苗分布均匀，出苗整齐，形成壮苗，应将种薯排列在同一水平面。排种方式有斜排、平排和直排3种。斜排是以头压尾，薯头压薯尾的1/3，不超过1/4，可节省排种空间，用火炕或温床育苗大都采用斜排方式；平排排种时薯头与薯尾相接，左右留适当空隙，一般多用在露地育苗；直排即直立排种，种薯上部发芽多、中部发芽少，薯苗密集，弱苗多，除特殊情况外，一般不宜采用。

北方薯区一般采用平畦式排种育苗，每平方米排种20～30千克，可根据种薯发芽特性进行调整，一般发芽好、出苗多的种薯适当稀排，发芽少、出苗少的种薯适当加大排种密度。排种完成后直接盖土，盖土厚度以4～5厘米为宜。覆土后浇水，浇水时注意浇灌均匀，如果冲土露出种薯，应及时用土覆盖，以防不出苗或出苗不均。

长江中下游薯区以秋薯作种更好，每平方米排种量可略低于北方薯区。排种时温床育苗做到种薯斜排，头朝上、尾朝下，上齐下不齐。然后覆盖细土，再把厢面做成瓦背形。露地育苗做到薯种平排，头尾方向一致，种薯间不留空隙，排种后覆土2～3厘米，大小薯分开排，大薯排深些小薯排浅些，头部对齐。

南方薯区一般采用垄作式排种育苗，当春季气温稳定在15℃以上时，苗地垄上开沟，浇足底水，排种于沟中，盖2～3厘米厚的土，除遇特殊干旱外，出苗前通常不浇水。采用种薯首尾相接的形式平排，种薯间相隔5～10厘米。种薯出苗后适当浇水、追肥，促苗生长。

6. 苗床管理 苗床管理的原则是前期高温催苗，中期中温长苗，后期低温炼苗。

（1）高温催苗。排种后使床土温度上升到32℃，保持约3天，再使床土温度上升到35℃，保持3～4天，抑制黑斑病病菌的侵染，而后到出苗前一直保持在31～35℃。种薯上床时浇足水分，一般在幼芽拱土前不要浇水，如床土干旱，可浇小水。

（2）中温长苗。甘薯出苗后，床温应保持在25℃左右，但应防止长期处在27～29℃，以防发生黑斑病。此阶段一般保持土壤适度湿润，干旱时可在上午8～9时浇水。初期水分不足，根系伸展慢，叶小茎细，容易形成老苗；水分过多，则棚内空气稀薄，影响萌芽；在高温、高湿条件下，薯苗柔嫩易发生徒长。除通风换气、浇水外，同时还应让薯苗充分接受阳光。如果白天棚内温度过高，应及时通风降温，避免烧苗。

（3）低温炼苗。薯苗生长到15厘米以上时，应停止浇水、升温措施，降低苗床温度，一般保持在18～20℃，经4～5天，苗高25～30厘米即可采苗。采苗前3～5天，将床温降到20℃左右，为了避免薄膜覆盖的苗床内气温过高，除通风散热外，床土还要保持一定的湿度，以便降低膜内气温。对于直接栽入大田的薯苗，移栽前2天需揭膜炼苗。

（4）及时采苗。在薯苗高25～30厘米、经过5小时以上的放风晒苗后才可采苗。剪苗应采用高剪苗方式，即在离土面5厘米部位剪苗，保留底部1～2片叶。尽量选择短节间薯苗。高剪苗方式可有效减轻薯苗黑斑病、茎线虫病等，降低幼苗带病率，有效防止或减轻大田病害的发生；同时剪苗不破坏芽原基，不影响下一茬出苗量。采苗时，在更换品种前，用2%氯化钠浸泡剪刀3～5分钟消毒。应坚决杜绝拔苗栽插或拔苗后再剪根。

（5）采苗后的管理。采苗当天不要给苗床浇水，以利种薯伤口愈合。为了防止小苗萎蔫，采苗后可给采出的小苗少量喷水。采苗后一天，结合浇水苗床施纯尿素50～100克/米^{2}催苗。再盖上薄膜，把床温升到32～35℃，促使秧苗生长，经过3～4天后，又转入低温炼苗阶段。

北方薯区，一般按上述步骤进行育苗期管理。长江中下游薯区，排种盖土后在厢沟四周平铲浅沟，然后盖膜，膜面紧贴厢面，膜的四周用细土压实封严。薯苗出土后，要及时用小刀在出苗处相应地膜上划一小口，引出薯苗，并随即用细土盖严破口，使薯苗伸出膜外继续生长。如不及时引苗出膜，晴天膜内温度过高，容易造成烧苗。薯苗出齐后，及时清理地膜，中耕除草，根据薯苗长势酌情施用农家水粪和速效氮肥，加速薯苗生长，力争多产苗、产壮苗。南方薯区，薯苗长到10个节左右时，及时采苗进行假植扩繁。假植苗地起垄要求与下薯种地一样。在假植苗节数达到6～10个时进行摘芯打顶促分枝。摘芯后可施尿素每亩8～10千克培育嫩壮苗。当分枝苗长到8个节左右时即可采摘栽插入大田。

（二）移栽期技术要点

1. 栽插前起垄　甘薯宜垄栽。垄栽可加厚松土层，加大昼夜温差，有利于排水，改善土壤通气性，促使块根膨大。春薯茎蔓较长，适宜垄宽75～85厘米、垄高30厘米左右；夏薯茎蔓较短，适宜垄宽70～80厘米、垄高25厘米左右。

起垄前进行深耕，耕翻深度以25～30厘米为宜，同时结合耕地施足底肥。

2.栽插时期 适期早栽可延长甘薯生长期，促进块根早膨大，提高薯块干物率和产量。春薯以气温稳定在15～16℃、5～10厘米地温稳定在16～18℃时为栽秧适期。春薯栽期过早，由于气温较低易遭受倒春寒而造成缺苗减产。春薯栽秧，适栽期到后应尽快移栽，每晚栽一天减产1%左右。夏薯则更为严重，每晚栽一天减产2%以上。

北方薯区中部春薯一般在谷雨节气开始栽秧，南部稍早些，北部晚些，最晚不宜晚于立夏。鲜食型春薯可适当晚栽10～15天，山东省一般在4月下旬至5月上旬，盐碱地可适当晚栽。夏薯的生长期短，要力争早栽，在5月中旬以后抢时早栽。北方薯区的中、南部要求在6月底前栽完，北部在小暑节气前栽完较为适宜。长江中下游薯区一般在5月上旬开始栽插，栽插越早产量越高。南方薯区麦茬夏薯一般5月间栽植，水田或旱地秋薯一般7月上旬至8月上旬栽植。春薯选择在3月底、4月初栽插；夏薯选择在5月中旬至7月中旬进行；秋薯选择在立秋前后种植。

3.栽插密度 甘薯合理密植要因地制宜，肥地、早栽或长蔓品种可稍稀些；反之，则稍密些。甘薯行株距的确定既要使植株分布合理，又要便于田间管理，垄距主要是考虑机械配套，一般80厘米左右，株距根据密度调整。北方薯区一般甘薯适宜密度为春栽3 000～3 500株/亩，夏栽3 500～4 000株/亩。鲜食型甘薯要注重提高商品薯率，可根据品种特性适当加大密度，北方薯区鲜食用春薯可适当晚播、密植，密度为3 500～4 000株/亩；鲜食用夏薯可适当早栽，6月上中旬栽植，密度为4 000～4 500株/亩。对于不同肥水地块，丘陵旱薄地栽插密度为4 000～4 500株/亩，平原旱地为3 500～4 000株/亩，水肥地为3 000～3 500株/亩较为适宜。对于不同蔓长品种，短蔓品种宜密，栽插密度为4 000～4 500株/亩；长蔓品种宜稀，栽插密度以3 500～4 000株/亩为宜。长江中下游薯区适宜栽插密度为3 500～4 000株/亩，南方夏秋薯区密度以3 600～4 000株/亩为宜。

4. 栽插前秧苗处理　栽插前，用60～80毫克/千克的 α-萘乙酸溶液浸泡基部薯苗10分钟，促进生根；用50%多菌灵可湿性粉剂500～800倍液或50%甲基硫菌灵可湿性粉剂300～500倍液浸泡薯苗基部8～10分钟，防治黑斑病。

5. 栽插方式　栽插方式主要有直栽、斜栽、水平浅栽、船底形栽和压藤栽插。

（1）水平浅栽法。薯苗长到25厘米以上使用此法较适宜，栽插时先在垄面开浅沟5厘米左右，将薯苗水平放入沟中3～5个节，盖土压紧后外露2～3个节，让叶片多数在土外。由于插苗较浅，入土节位都处在良好的土壤环境中，薯块形成早，膨大快，同时在土中节数多，深浅一致，所以结薯多且大小均匀。缺点是栽插时较费劳力，耐旱性较差，如果水肥条件差，结薯数量多，会影响产量。适宜在水肥充足、多雨湿润地区采用。插植后淋水护苗，成活后生长迅速，促早分枝结薯。

（2）直栽法。多用短苗垂直插入土中2～3个节，其余在土外，插深8～10厘米。由于插苗较深，能吸收下层水分和养分，故较耐旱，成活率高，且省工；地下部只有1～2个节位分布在适宜于结薯的土层中，结薯多集中在上部节位，下部节位土壤条件差，很少结薯，造成单株薯数较少。优点是大薯率高、耐旱、缓苗快，缺点是结薯数量少，应适当密植以保证产量。直插在较差的生产条件下产量较稳定，适于干旱无灌溉条件的易旱山坡和瘠薄地块。

（3）斜栽法。苗长25厘米左右，插入土中3～4个节，与地面呈一定斜角，苗尖露出土表2～3个节，地下部结薯有深有浅，单株结薯数中等，一般比直栽法多，比水平栽插法少，上部节位薯比下部节位的大。优点是操作容易，省工省力，对不良环境条件的适应能力较强，耐旱，抗风，早成活，单株薯块较大等；缺点是所栽薯块数量少，如能合理密植、增加单位面积株数，仍可获得大面积高产。其耐旱性、成活率和单株结薯数均介于直栽法与水平浅栽法之间。适宜在较干旱、贫瘠的山岭坡地或沙土地等采用。

（4）船底形栽法。薯苗的基部在土层内2～3厘米，中部各节略深(4～6厘米)，沙地深些、黏土地浅些，整株薯苗呈船底状，由于入土节位多，具备水平浅栽法和斜栽法的优点，缺点是入土较深的节位如果管理不当，容易成空节。适于土质肥沃、土层深厚、水肥条件好的地块采用。

（5）压藤栽插法。将去顶的薯苗全部压在土中，而薯叶露出地表，栽好后用土压实浇水。优点是由于插前去尖，破坏了顶端优势，可使插条腋芽早发，生根结薯，茎叶较多，促进薯多薯大，且不易徒长。缺点是耐旱性差、费工，多用于小面积种植或夏薯种植。

需要注意的是，北方薯区，一般在栽插期晴天采用耐旱留三叶斜栽法，具体操作方法为：先刨坑，后浇水，再插苗，栽深以5～7厘米为宜，待水分渗完后埋土，将大部分展开叶片埋入土中。栽插时地上部可少留叶片，埋入湿土中的叶片可有效地解决薯苗的供水问题，同时减少蒸腾，保证茎尖能够尽快返青生长，提高成活率；结薯一般集中在3、4叶节，促进更多节间结薯，增加薯块的分布空间，有利于高产优质。

长江中下游薯区，栽插时一般使薯苗与水平面成45度角斜插入土，栽深5～7厘米，栽插时薯苗至少3个节埋入土中，船底形栽插，栽插时只留顶部3片展开叶，其余部分连同叶片全部埋入土中，晴天无雨栽插后要及时浇定根水。南方薯区，一般采用斜栽法和水平浅栽法，栽插后浇透水（图2）。

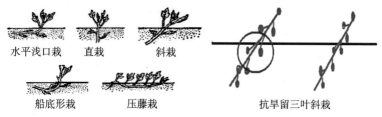

图2 不同栽插方式

（三）大田期技术要点

我国甘薯栽培区域主要分为北方薯区、长江中下游薯区、南方薯区3个大区（见《甘薯实用知识手册》），每个薯区的大田管理措施各有不同。

1. 插秧前的准备 甘薯要想高产，就必须在大田管理上做到以下几点：在栽秧之前培肥地力起好垄，采用适宜的栽秧密度和方法，苗期保证苗齐、苗壮，膨大期注意控旺和病虫害防治，后期注意防止早衰、避免收获时遭受冷害。

（1）选地。甘薯能在绝大部分土壤中生长，但是偏好疏松、肥力较高且排灌方便的沙壤土、黏壤土或旱坡地。对于偏沙或偏黏的土壤要改良沙泥比例，一般以4沙6泥为宜，沙质土掺河塘泥，黏质土掺沙。北方薯区，要尽量避免发生根腐病、线虫病和黑斑病的地块；长江中下游薯区，要尽量避免发生线虫病、黑斑病、蔓割病和薯瘟病的地块；南方薯区，要尽量避免发生蔓割病、丛枝病、薯瘟病和蚁象的地块，土壤类型属红壤赤沙地块为好。

（2）施肥。按照"底肥为主，追肥为辅"的施肥原则，要施足底肥，以培肥土壤地力，创造肥沃、疏松的土壤条件，在施足底肥的基础上，根据苗情适量追肥。在北方薯区，结合深翻和旋耕每亩施用腐熟的农家肥3～5米^3、尿素15千克、过磷酸钙20～30千克、硫酸钾25千克，也可每亩施用生物有机肥

— 9 —

40 ～ 50千克和甘薯专用肥40 ～ 50千克；在长江中下游薯区，每亩施有机肥300 ～ 1 000千克，同时配合施入高钾三元复合肥30 ～ 50千克；在南方薯区，每亩施用过磷酸钙20 ～ 30千克、尿素10 ～ 15千克，混匀施入垄心，再施草木灰100 ～ 150千克或硫酸钾10 ～ 15千克。施肥后起垄。

（3）起垄。起垄规格应根据不同的土壤和地形而定，起垄时要垄型高胖、垄沟深窄、垄面平整，垄土踏实，无大土坷垃和硬心，垄型应视土质、土层厚度、地势、降水量而定，一般沙土地或丘陵山地采用窄垄，垄距66 ～ 80厘米，垄高20厘米左右；黏土、地势低洼、雨量大的地方，宜采用大垄，垄距95 ～ 120厘米，垄高大于33厘米。在南方薯区，部分地区活土层深厚沙化、沙粒偏粗、遇大雨容易沉实，起垄时应适度加大垄宽，整成宽110 ～ 120厘米、高32 ～ 35厘米的馒头形高畦。

（4）种苗。最好选用健康种薯的壮苗，百株苗重1.0千克以上，苗高20 ～ 25厘米，5 ～ 7个节间，茎粗节短而不易折断，茎秧折断后则冒出很多浓的白浆，顶三叶齐平，叶片大而肥厚，无病虫害；为更好地防治甘薯黑斑病、茎线虫病等病害，宜采用高剪苗的方法，即在薯苗基部上方2 ～ 3个节位将苗剪下，移栽前用50%多菌灵可湿性粉剂或70%甲基硫菌灵可湿性粉剂600 ～ 800倍液浸泡苗根部4 ～ 5厘米，持续浸泡5 ～ 10分钟。在北方薯区和长江中下游薯区，夏薯选用大田苗的秧蔓，从顶端数5 ～ 7个节间处剪下，移栽前用50%多菌灵可湿性粉剂或70%甲基硫菌灵可湿性粉剂600 ～ 800倍液浸泡苗根部4 ～ 5厘米，持续浸泡3 ～ 4分钟。南方薯区，在移栽前薯苗应在当地农技人员指导下用适合的药剂浸秧，使秧苗充分吸收药液（浸秧时间不宜过长，以免出现药害），用于防治蚁象。

2. 适期早栽 甘薯在适宜生长期内栽插越早产量越高。在北方薯区，在谷雨节气前后、晚霜结束后10厘米地温达15℃以上即可栽秧；在长江中下游薯区，从5月上旬即开始栽插夏薯；在南方薯区，春薯插植期为春分至清明节气，夏薯在7月中下旬插植。选择壮苗，以水平浅栽法栽植，栽秧后浇足水，保证一次栽插全活。

栽插密度以提高商品薯率为出发点，根据地力、品种确定，一般每亩栽插2 500 ~ 5 000株，平肥地宜稀，山薄地宜密，长秧品种宜稀，短秧品种宜密。在北方薯区和长江中下游薯区，水肥条件好，需要增加结薯个数、控制大薯率，可采用水平栽插法、船底形栽插法和压藤插法；在水肥条件较差、需要提高大薯率时，可采用斜插和直插法。在南方薯区，一般采用水平浅栽法，采用入土3 ~ 4节、露土2 ~ 3节的浅斜插。在插秧后，用乙草胺或其他适合的药剂对水喷施进行封地。北方薯区和长江中下游薯区的部分高产田，在栽插后覆盖地膜，也可以先覆膜后栽插；在所用薄膜中，黑膜具有很好的除草和保温作用，在北方薯区，利用水肥一体化和黑色或黑白地膜覆盖，具有防草、高产和高效的显著效果。

3.前期保证苗齐苗壮，以促进生长为主　在栽插后30 ~ 45天的时间里主要是争取早扎根、早缓苗、早发根，为高产打下良好基础。

（1）查苗补苗。栽插后常因干旱、弱苗等原因造成死苗，需要进行查苗补苗，在栽秧后5 ~ 10天进行查苗，发现缺苗死苗及时补栽壮苗，保证全苗。补苗时要选择壮苗补插，并浇透水。

（2）中耕、除草和培土。对于没有覆盖地膜的地块，在薯苗成活后及时中耕松土，在封垄前一般应进行2 ~ 3次中耕。栽插后15天进行第一次中耕松土，晒白土壤，促进甘薯根系生长和幼薯形成。第一次中耕因根系还不发达可深些，以后每隔10 ~ 15天中耕一次，中耕深度慢慢变浅，不要伤害甘薯的根系。及时除草（图3、图4）。下雨或中耕都会使垄变矮、变窄，需要及时培土，通常培土结合中耕进行，要求培成原垄形状大小。在平原地区可用中耕机械进行，在丘陵小地块一般用人力或畜力完成。

图3　前期管理不善，杂草丛生　　图4　常用的微型除
草机

（3）施提苗肥和壮株肥。在北方薯区、长江中下游薯区，常在栽秧后发棵前结合浇水施用提苗肥。巧施提苗肥能促进幼苗和根系生长，保证苗匀苗壮。通常在插秧后7～10天每亩追施尿素2～3千克或碳酸氢铵5～10千克，施提苗肥要做到小苗多施、大苗少施或不施。在茎叶生长盛期以前为了促进早结薯、早封垄，可根据生长情况在插植后35～40天施用结薯肥，这次施肥以氮素为主、钾肥为辅，用量为每亩施尿素10千克左右、硫酸钾5千克左右，或者每亩施氮钾二元复合肥20～25千克。南方薯区在栽插后15～20天，薯苗活棵时追施速效氮肥，每亩施尿素5～8千克，若薯苗青绿、较壮，可免施促苗肥；结合开垄培土重施促薯肥，每亩施钾肥20～30千克、氮肥10～15千克。

（4）防旱、耐旱。北方薯区春夏之交，干旱发生频繁，为减少干旱的危害，可结合中耕，在薯行间覆盖稻谷壳、作物秸秆等物，以减少土壤水分蒸发。有灌溉条件的地方可在清晨或傍晚灌水，如果有条件安装滴灌设备，在插秧10天左右，进行一次浇水和施肥，可解决提苗和干旱的问题。长江中下游薯区防旱、抗旱一般采取早栽、早封垄以减少土壤水分蒸发的措施。发生干旱后，有灌溉条件的地方可在清晨或傍晚进行灌水。南方薯区灌溉条件好，结薯期干旱时应灌浅水；薯块盛长阶段干旱应及时灌跑马水，灌水深度为垄高的1/3；收获前20天应停止灌水。

4.中期以控旺为主，注意防止地上部旺长　甘薯栽后40～100天是田间中期阶段，这个阶段正值气温高、降水多的季节，甘薯茎叶生长旺盛，地下部块根迅速膨大，这个时期应做到控促结合、以控为主，如遇伏旱，需浇水，但水量不宜过大。

（1）化控抑旺。在高肥水地块，用植物生长调节剂15%多效唑100克或5%烯效唑50克对水15千克喷洒叶面，防止秧蔓徒长。在喷施调节剂时每亩一起喷施磷酸二氢钾80～100克。喷施调节剂宜早不宜晚。第一次喷施应掌握在蔓长35～45厘米，薯蔓已经开始从垄上垂下来，俗称"两垄似牵手非牵手"时，此时要适度控旺。第二次喷施一般在栽后65～75天，处于薯蔓共长期，但是甘薯茎叶生长较快而薯块膨大较慢，此时要重点控旺。第3次喷施一般在栽后85～95天，此时甘薯茎叶生长达到峰值，要及时控旺，为薯块第二次膨大期的到来做好准备（图5）。

图5　田间正常生长（左）和旺长地块（右）

（2）防治病虫草害。在北方薯区，甘薯生长中期会遇到造桥虫、甘薯天蛾、甘薯麦蛾、红蜘蛛等害虫的危害，一旦发生可用菊酯类农药防治1～2次。如果发现有紫纹羽病（植株下部土层出现紫色菌丝，环包薯块，后期造成薯块腐烂)危害，应将病株及病土一并挖出，带至田外深埋，在原处撒生石灰粉杀菌，控制病害蔓延。在长江中下游薯区，甘薯的主要害虫是甘薯天蛾和斜纹夜蛾，可用菊酯类农药进行防治，也可用16 000单位/毫克苏云金杆菌可湿性粉剂100 ～ 150倍液喷雾，或用10亿PIB/毫升斜纹夜蛾核型多角体病毒悬浮剂600 ～ 900倍液喷施防治。在南方薯区，主要病虫害为斜纹夜蛾、卷叶虫、小象鼻虫、疮痂病和蚁象。斜纹夜蛾的防治方法同长江中下游薯区。小象鼻虫用粉碎茶籽麸每亩10千克，浸水后于茎叶生长期、结薯期、薯块膨大期各淋施一次。疮痂病、甘薯蚁象防治方法见《甘薯主要病虫害防治手册》。

甘薯封垄后，一些零星杂草会长很大，一旦发现，要及时拔除。这个时期一般不用除草剂，但是如果前期没有除草干净，中后期杂草过多，可用灭生性除草剂等定向喷雾除草，喷药必须选在无风的天气条件下进行，尽量不要喷到薯秧上。如果田间多数是单子叶杂草，可用"盖草能""闲锄"等农药（喷到薯叶上，不影响生长），7天后将剩下的阔叶杂草人工拔除。

5. 后期以保持为主，注意防止早衰 甘薯生长后期，茎叶养分输向块根，生长中心由地上转到地下，管理上要保护茎叶维持正常生理功能，促进块根迅速膨大。

（1）及时追肥。在山丘薄地或施肥不足的田地，可采用根外追肥，用0.2%磷酸二氢钾溶液每亩喷50千克，每隔7天喷1次，连喷2 ～ 3次。

（2）水分管理。土壤含水量以田间最大持水量的60% ～ 70%为宜，如天气久旱无雨、土壤干旱，导致茎叶早衰，要及时浇小水，但在甘薯收获前20天内不宜浇水。如遇涝害，短期淹水会降低甘薯干率，薯块不耐贮藏，如果淹水2天以上，薯块硬心或腐烂，因此应在大田周围挖好排水沟，以便雨水大时及时排水防涝。

（3）适时收获。甘薯想贮藏良好，必须在进入霜冻之前收获，在北方薯区一般要在10月下旬霜降之前收获完毕。如果不是贮藏需要，宜在地表不产生冻土前收获完毕。

（四）收获期技术要点

由于各个薯区的气温和降水量不同，收获期的技术要点也各有不同。

1. 收获

（1）收获时期。甘薯的块根是无性营养体，没有明显的成熟标准，如果条件适宜，会一直生长下去，但收获时期对甘薯产量、留种、储藏、加工利用均有重要影响，收获过早会降低产量，过晚会遭受冷害；收获时期应根据气候条件、安全储藏时间和茬口安排、市场销售价格等因素确定。地温在18℃左右时，甘薯重量增加很少；地温在15℃左右，甘薯停止膨大；地温长时间在9℃以下，就会发生冷害。因此，一般在地温18℃时就开始收获，在北方薯区，霜降节气前收获完毕，如果过晚容易造成储藏期腐烂；在长江中下游薯区，一般在10月中下旬开始收获，在11月上旬立冬节气前收获完毕；在南方薯区可根据气温和甘薯生长时期进行收获。

（2）收获注意事项。①土壤过干或过湿，对甘薯收获均不利。过干，土壤含水量减少，地温变化大，甘薯易遭受冷害，且不易收获。过湿，土壤含水量过多，甘薯不仅不易收获，而且薯块含水量大，不耐储藏。土壤过湿时应先割去薯蔓，晾晒几天，待土壤稍干再收获。②收获宜在晴天上午进行，切忌雨天收获。要轻刨、轻拿、轻放、轻装和轻运，以免损伤薯块。甘薯收获后，可在地里进行初选和分级，及时去掉断伤、病、虫蛀、鸟啄、鼠咬、冻伤、水渍或畸形的薯块，并带出大田集中处理，其他甘薯按不同用途和品种分别储藏。机械采收时应在薯块采收前1～2天进行机械秸秆还田或人工割秧，割秧后使用收获机械收获并人工收捡。③留种用的甘薯，宜在晴天上午收获，在田间晒一晒，当天下午入窖，不要在地里过夜，以免遭受冷害。

2. 储藏前处理

（1）薯窖消毒。首先在甘薯入窖前一周对储藏窖进行消毒，在北方薯区和长江中下游薯区，可用70%甲基硫菌灵可湿性粉剂1 000倍液或50%多菌灵可湿性粉剂800倍液，喷雾消毒；或者用硫黄或高锰酸钾等药剂熏窖，熏窖时一定要密闭好，注意安全，熏窖1周后开窖。在南方薯区，可利用磷化铝熏蒸薯窖，可有效控制薯窖内的甘薯蚁象。将薯窖密闭，每立方米空间使用磷化铝片10克熏蒸，视环境温度高低，在1～2天后可进行通气，以避免甘薯因缺氧造成生理性病害（图6）。

图6　窖内消毒

（2）入窖处理。甘薯在入窖前有两种处理方法灭菌，即高温愈合法和化学药剂法。高温愈合就是在甘薯入窖后，快速升温到35～38℃，并保持2～3天，将甘薯黑斑病、软腐病等病菌杀灭，然后再将温度降至10～14℃进行储藏。该法效果很好，但成本较高，操作起来较为麻烦。化学药剂法就是在甘薯收获后，用70%硫菌灵可湿性粉剂1 000倍液或50%多菌灵可湿性粉剂800倍液，浸泡或喷洒甘薯沥干再入窖。

3.储藏注意事项　以鲜食甘薯为例，入窖后，应采用各种方法，使窖内温度保持在15℃以下，10℃以上。窖内温度低于15℃，可以抑制病菌的活动，高于10℃，可以避免冻害，达到安全储藏的目的。北方薯区和长江中下游薯区，甘薯储藏期可划分为冬前期、越冬期和立春后3个管理时期。冬前期（在大雪节气之前）窖内温度较高且湿度大，重点是降温排湿，在甘薯入窖后当储藏温度高于15℃时要及时通风降温排湿，当温度降到10℃以下的时候，要及时盖上窖口，使窖内温度保持在10～14℃。越冬期（大雪节气到第二年的立春节气）主要工作是保温防寒，每隔几天就要检查一次薯窖温度。如果发现温度低于10℃，要及时采取措施提高温度，使窖内温度保持在10℃以上。立春节气后气温经常忽高忽低，薯窖的管理主要是加强检查，调节好薯窖内温度，使之继续保持在10～15℃，并酌情补充水分，防止甘薯糠心。

关键环节上还应注意：

①在北方薯区，春季温度回升后，在无风晴暖天气中午，气温超过12℃时，短时间给薯窖通风换气，可降低窖内杂菌浓度，防止窖内湿度过大引起薯块表皮损伤处发霉，影响商品外观质量。长江中下游薯区，立春后气温开始回升，窖温也随之回升，薯块已失水较多，开始糠心，此时要依据窖温高低实行敞闭结合，调节好窖温，勤检查，并酌情向窖内补充水分。

②窖内湿度低时，应在窖内用湿草帘铺走道或用加湿器等方法，增加窖内空气湿度。

③发现窖内甘薯有病害蔓延趋势时，应尽快取出处理，防止病害发展，以减少病烂损失。

④春季甘薯准备延期保存的，应注意加强窖内温湿度管理，最高窖温不超过15℃，相对湿度控制在65%～90%，天气升温后还要注意窖内通风换气。对于长期密封和薯块大量腐烂的薯窖，在进窖前要提前打开通风口换气，确认安全时才能进窖操作，以免造成操作人员缺氧窒息。

二、农资选用

（一）肥料选用的一般常识

1.肥料的概念与种类

（1）肥料的概念。肥料是指可施于土壤中或喷洒于植物叶片上，能直接或间接提供一种或几种植物必需的营养元素，从而改良土壤性状、增加作物产量、改善产品品质的物质，是农业生产的物质基础。

（2）肥料的种类。按化学成分肥料可分为：有机肥料、无机肥料、有机无机肥料；按养分类型分肥料可分为：单元素肥料、多元复合（混）肥料；按肥效作用或功能分可分为：水溶性肥料、功能性肥料、微生物肥料（如生物菌肥等）、缓（控）释肥料、专用肥料等。

2. 甘薯的需肥特征　甘薯根系深而广，茎蔓能着地生根，对养分的吸收能力很强，因此即使在贫瘠的土壤上，只要水分充足，甘薯的茎蔓也能长得非常茂盛，同时地下部块根也可得到一定产量，这往往使人误以为种植甘薯不需要施肥。其实，这是一种错误的认识，已有许多研究者对甘薯的需肥规律进行了报道，认为对于中等以上产量的地块，每生产 1 000 千克鲜薯，要从土壤中吸收 3.5 千克氮（N）、1.8 千克磷（P_2O_5）、5.5 千克左右钾（K_2O），氮、磷、钾的比例约为 1：0.5：1.5。同时，微量元素铁、锰、铜、锌、硼等不仅对甘薯产量和品质的提升有一定的促进作用，还可以提高其抗病虫害的能力，只是由于甘薯对其需求量更少，更容易被人们忽视。氯也是微量元素的一种，适量施用含氯化肥也可提高甘薯块根产量，但当施用氯化铵、氯化钾等含氯化肥超过一定量时，会导致淀粉型甘薯薯块淀粉含量降低，对鲜食型甘薯来讲，将使薯块不耐贮藏，同时可溶性糖含量下降，降低口感。

从甘薯不同生育期来看，刚移栽后的薯苗根系不发达，对氮、磷、钾养分的需求量较少；从分根结薯期开始一直到薯蔓并长期，甘薯对氮、磷、钾养分的吸收速率加快，到薯块膨大期吸收速率达到高峰，此时期甘薯地上部生长迅速，地下部块根迅速形成；此后甘薯对氮、磷养分的吸收量逐渐减少，而对钾的吸收量仍保持较高水平，从而保证地上部营养物质快速向地下部转移，促进甘薯块根膨大。

3.甘薯施肥技术　在甘薯生产中，科学施肥不仅可以提高产量还可以改善薯块品质，施肥不当则可能导致产量和品质下降。因此，应根据甘薯的需肥特点、土壤的养分含量、水分与气候状况等采取适宜的施肥方法。

（1）肥料选择。肥料的选择既要考虑甘薯对肥料的需求，又要考虑基础地力的情况。除优质有机肥外，也可以选择单元素肥料或复合肥料用于甘薯施肥。

如果是在整地时作基肥施入，则应以优质的有机肥为主，配合部分氮、磷、钾单元素肥料或复合肥料。丘陵山区的沙质或半沙质土壤通透性好，昼夜温差大，保水保肥能力差，可选用半腐熟有机肥作基肥；平原地区中等或中等以上肥力的壤质土，则最好选用腐熟程度较高的有机肥料。

当选用复合肥作基肥时，由于甘薯对氮、磷、钾3种肥料的需求以钾素最高，最好选择高钾型复合肥。近年来，市场上有不少甘薯专用肥出售，这些甘薯专用肥一般含钾量较高，如山东省农大肥业有限公司生产的氮、磷、钾三元素复合肥，三种元素的比例有16∶9∶20或15∶9∶21等，有的还添加了活性腐植酸或微量元素，养分更全面，进一步方便了薯农朋友选用。

如果是作追肥，则多用单元素氮、钾肥或含有氮、钾两种营养元素的水溶性肥料。比如，对于一些地力较差、保水保肥能力又低的地块，在甘薯生长后期容易缺氮、缺钾，需要追肥。此时可追施少量尿素或硫酸钾，施肥方式可选择条施或者穴施，当然有条件的地方，可以通过水肥一体化设备进行追肥。这样，既可以使用尿素或硫酸钾肥，也可以购买含氮、钾两种元素的水溶性肥料，通过水肥一体化系统追肥。

（2）施肥技术。

①基施。施用基肥目前仍然是甘薯种植过程中的主要施肥措施。用于基施的肥料品种以腐熟的畜禽有机肥、商品有机肥和多元素复合肥为主。腐熟的畜禽有机肥根据地力情况可施入30～45吨/公顷，商品有机肥可根据不同养分含量，用量为

3 000～7 500千克/公顷不等，而多元复合肥则以高钾复合肥为主，可根据地力情况，施入总量以300～600千克/公顷为宜。

甘薯基肥的施用有多种方式。传统的方式是在耕地前将需要施入的肥料均匀地撒于地表，随机械耕翻一起埋入土中。由于这种施肥方式使施入土壤的肥料非常分散，不利于甘薯根系的吸收，因此肥料利用率一直处于较低水平。后来人们将甘薯施肥时间改为土地耕翻之后，在起垄之前将需要施入的肥料均匀撒于地表，在起垄时将所施肥料包于垄下，俗称"包馅肥"，大大提高了肥料利用率。

随着水肥一体化技术在甘薯栽培中的应用，更多的种植户选择在薯苗移栽后，通过水肥一体化系统随定苗水进行施肥。

②追施。如果土壤较为瘠薄或为保水保肥能力差的沙质土，则随着甘薯生长对养分的消耗，易引起后期缺肥，这时应进行追肥以保证甘薯正常生长和薯块膨大。追肥时一般以氮、钾肥为主，可选择在薯苗移栽后75～100天，每公顷追施含氮、钾两种营养元素的复合肥或水溶肥，或选用单元素肥料进行追肥，每公顷分别施用尿素30～45千克、硫酸钾45～75千克。此时期甘薯根系对养分的吸收能力较强，追施的养分可以快速被甘薯根系吸收，促进地上部生长和块根发育。对于未实施水肥一体化技术的地块，由于此时期甘薯的茎蔓已全部覆盖地面，人工追肥难度较大，需在垄上开沟施肥。对于已实施水肥一体化技术的地块，可通过水肥一体化系统完成。但是，对于水源充足、水分供应条件良好的地块，追施氮肥时应严格控制用量，以免造成营养过剩，引起甘薯茎叶徒长，导致地上地下部发育失调，影响薯块膨大而造成减产。

③叶面喷施。叶面施肥是补充植物营养成分的一种手段，用来弥补根系吸收养分的不足。甘薯叶面肥一般可选用尿素、磷酸二氢钾或硫酸钾，为防止因浓度太高对茎叶的损伤或浓度太低达不到应有的效果，叶面施肥时的肥液浓度一般为：尿素0.5%～2%、磷酸二氢钾0.3%～0.5%、硫酸钾1.0%～1.5%。

喷施时，每公顷用水量750～900千克。由于甘薯叶片上的角质层使溶液渗透比较困难，可在肥液中加入适量的湿润剂，如中性肥皂、质量较好的洗涤剂等，以降低溶液的表面张力，增加药液与叶片的接触面积，提高叶面施肥的效果。同时，由于施肥的浓度较低，每次施入的养分总量较少，因此甘薯叶面施肥的次数不应少于2～3次。为避免肥液对叶片的伤害，喷施间隔至少要1周以上。为保证叶面施肥效果，叶面施肥应选择晴朗无风的早晨或傍晚进行。

④滴灌施肥。水肥一体化技术在甘薯栽培中的应用已得到薯农朋友的认可，并得以快速推广应用。利用滴灌系统进行甘薯追肥的肥料品种多为高钾水溶肥，

图7　田间滴灌系统

少数利用尿素配合硫酸钾进行追肥（图7）。

（二）地膜选用的一般常识

1. 地膜在甘薯生产中的作用　在甘薯生产中应用地膜覆盖技术，主要意义有以下两点。

（1）增温保墒。首先，覆盖地膜可以起到提高土壤表层温度的作用，可促进早春移栽的甘薯幼苗缓苗和成活；其次，覆盖地膜阻断了土壤与外界的水汽交换，有效减少了土壤中水分的蒸发散失，可起到蓄水保墒的作用；再次，在雨量过大时，还可使雨水顺地膜流入垄沟及时排走，防止田间渍涝。

（2）防虫治草。地膜的反光作用可以驱避蚜虫、抑制蚜虫的滋生繁殖，减轻其危害；同时，覆盖黑色地膜还可以抑制田间杂草生长，从而减少农药使用，降低环境污染的风险。

2. 地膜的类型　地膜的类型很多，根据地膜的颜色，主要有以下几种。

（1）无色膜。也称为普通地膜，是在生产上应用最普遍的聚乙烯透明薄膜，这种地膜透光性强，土壤增温效果好，还有一定的反光作用，广泛用于春季增温和蓄水保墒。缺点是土壤湿度大时，膜内形成雾滴影响透光。

（2）黑色膜。黑色地膜在阳光照射下，本身增温快、膜下湿度高，但传给土壤的热量较少，增温作用不如透明的无色膜。但由于其可阻挡光线透过，所以黑色地膜能显著抑制杂草生长。

（3）黑白膜。此类地膜为黑白相间膜，在纵向上中间部分约20厘米宽无色透明，其两侧为黑色。在甘薯移栽时，地膜的无色透明部分透光性好，可提高地温，黑色部分可起到防草作用。

除了以上3种地膜外，还有绿色膜、蓝色膜、红色膜、银灰色膜等，在增温、透光、防草、防虫等方面各有特色；此外，从功能上还有杀草膜、防虫膜、有孔膜、反光膜等。

3.地膜的选购

（1）根据需要选择不同功能的地膜。对于早春移栽的甘薯来讲，此时地温较低，要想通过覆盖地膜提高土壤温度的话，最好选用无色地膜。因为此类膜透光性好，对表土的增温效果好；如果移栽时期较晚，覆膜的目的主要是防草，则可选用黑色膜；如果希望通过地膜覆盖实现增温和防草两个目的，则宜选用黑白膜。

（2）根据垄宽选择地膜。甘薯多为起垄种植，因此地膜的选用要考虑其宽度。一般机械化作业覆膜条件下，可选择和起垄宽度相同或相近的地膜，如果人工覆膜则宜选择略大于垄宽的地膜。至于地膜的厚度，一般推荐选用薄厚适中的地膜，因为不同厚度地膜对保墒增温的作用差异不大，地膜过厚成本较高，过薄则回收困难，造成土地污染。

（3）要注意地膜的生产日期。农用薄膜有效质量保证期一般为1年，时间久了会老化，缩短使用寿命甚至失去应有的作用。因此，购买地膜时，要看清生产日期，尽量选购离生产日期较近的地膜。

(4) 要看地膜的外观质量。市场上有些农用地膜厚薄不均匀，在使用过程中薄的地方容易破损，影响保温效果；有的地膜在使用中会出现水纹或云雾状斑纹，甚至有气泡、穿孔、破裂等，这些瑕疵将严重影响地膜的增温或保墒效果。因此选购地膜时，应检查其厚薄是否均匀，是否存在起褶破损现象。质量好的地膜整卷匀实，外观平整，厚度均匀，横向和纵向的拉力都较好。

4. 覆膜形式与覆膜技术 覆膜栽培技术主要有两种。一种是先盖膜后栽插，这样操作机械化程度高，可使土壤提前增温，栽后发根快，但移栽时容易损坏地膜，降低增温和保墒效果。另一种是先移栽再覆膜，可保证移栽质量，提高成活率。但这样做机械化程度低，覆膜时费工费时，效率不高。

(1) 机械化覆膜。我国已研制出多种用于甘薯起垄和覆膜的设备，使甘薯生产中机械化程度不断提高。如青岛洪珠农业机械有限公司研制的2TD-S2型甘薯起垄机，集起垄、覆膜、喷药、铺设滴灌带等功能于一身，各项工作完成效果完全符合农艺学标准化栽培要求，与传统操作方式相比，在减轻劳动强度、降低生产成本、提高作业质量等方面优势显著。

在一些山地丘陵地区，地块面积小，不适合大型机械化作业，可使用小型覆膜机。小型覆膜机除没有起垄功能外，可实现喷药、覆膜和铺设滴灌带同时进行，轻便灵活，操作简单。

(2) 先移栽后覆膜。是指在整地、起垄完成后，先进行薯苗的移栽，再进行人工覆膜和破膜。该措施虽然费工费时，但好处是方便薯苗移栽，覆膜后破膜对膜的损伤小，膜的覆盖度高，增温和保墒效果更好，在一些丘陵山区，仍有部分农民使用。

(3) 膜下用药。由于覆膜后除草困难，一般在地膜覆盖前先在垄上喷施除草剂防治杂草，有滴灌条件的地块，除草剂可通过水肥一体化系统随肥料一起施用，无滴灌条件的地块，可先在垄上进行人工喷药，再进行地膜覆盖。

5.防止地膜残留的危害　地膜覆盖技术的应用极大地提高了甘薯生产效率与产量，是甘薯生产中一项重要的生产措施。但随着地膜的广泛使用，大量的残留地膜在整地、耕地、播种等机械作业时经常缠绕在农具上，影响农事操作质量。另外，地膜作为一种高分子化学聚合物，在自然条件下的降解较慢，甘薯收获后，残留的地膜碎片大量散落在田间道路、田埂沟渠或悬挂于树梢枝头，既影响环境美观又污染环境。因此，在甘薯生产中应注意残膜的收集与回收，推荐使用可降解地膜，减少白色污染。

（李洪民　段文学　刘庆　等）

主要参考文献

南晓英,刘燕茹,2018.甘薯黑斑病药剂防治效果试验[J].现代农村科技,9：65.

谢逸萍，贺娟，鄂文弟，等，2020. NY/T 3536—2020甘薯主要病虫害综合防控技术规程[S].北京:中国农业出版社.

张鸿兴，解红娥，武宗信，等，2020.甘薯绿色高产高效技术研究[J].山西农经(2):86-90.

第二章
淀粉加工用甘薯栽培绿色轻简化关键技术

　　本章根据三大薯区的土壤、光照、气温等生态环境特点，提出了北方薯区、长江中下游薯区和南方薯区淀粉加工用甘薯绿色轻简化栽培关键技术，并针对不同薯区的一季亩产薯干超吨典型案例进行分析，以期对淀粉型甘薯生产提供理论依据和技术支撑。

一、北方薯区绿色轻简化技术

　　该区域主要包括淮河以北黄河流域的省份，涉及山东、河南、河北、山西、陕西、安徽、辽宁、北京、天津等地。本区属季风性气候，年平均气温8 ～ 15℃，无霜期150 ～ 250天，日照百分率为45% ～ 70%，年降水量450 ～ 1 100毫米，土壤为潮土或棕壤，土层深厚，适合机械化耕作，以种植春薯和夏薯为主。根据国家统计局数据，本区种植面积为85万公顷左右，占全国甘薯种植面积的25%左右；产量为2 060万吨，占全国甘薯产量的28.0%左右，平均产量为24 500千克/公顷，单产较全国平均水平高10%左右。

　　该区是淀粉加工专用和鲜食用甘薯生产的优势主产区和淀粉加工食品的重点出口区，精深加工产品出口到日本、韩国及东南亚等国家，订单面积占30%左右，加工转化率占比达35%以上。据国家甘薯产业技术体系统计，北方薯区淀粉型甘薯占该区甘薯总产量的78.5%，主要用于生产甘薯淀粉和加工淀粉制品。近年来，甘薯生产存在用肥用药量较大、资源利用率低、生产成本增加等问题。北方薯区提出了机械化、规模化、标准化"三化一体"的绿色轻简化栽培技术，作为北方薯区淀粉型甘薯种植和高效化生产的技术依托。

（一）品种选择

选择耐水耐肥性好、干率较高、薯形较均匀的淀粉型甘薯品种，如济薯25、商薯19、徐薯22、烟薯24、徐薯32和豫薯13等国家或省审定品种。

（二）选地作垄

选择土层深厚、地力肥沃、质地疏松、保墒蓄水、有机质含量高的土壤，土质为沙壤或棕壤，土层厚度50厘米以上，有机质含量1.0%以上，碱解氮含量在50毫克/千克以上，速效磷含量在15毫克/千克以上，速效钾含量在70毫克/千克以上。

春季解冻后开始土壤深耕耙糖保墒，土壤耕翻20～30厘米。移栽前拣净根茬，打碎坷垃，结合施肥、防虫、起垄一次完成。采用4QL-1型甘薯起垄收获多功能机作垄，垄距80～90厘米，垄高25～30厘米，确保垄直、垄面平、垄土松、垄心耕透无漏耕，起垄时的土壤相对含水量不能低于60%。

（三）膜下滴灌

在水浇条件便利的地块，可于覆膜前顺垄铺设滴灌带，滴灌带居于垄的上方，紧贴薯苗基部。滴灌带一般为外径16毫米，壁厚0.3毫米，滴孔间距0.25厘米，流量2～3升/小时，工作压力50～100千帕，也可以根据实际需要选择不同规格的滴灌带，建议选用内镶贴片式滴灌带。可采用德州乐陵天马机械厂生产的起垄铺管覆膜压土一体机，采用福田60型拖拉机牵引。

（四）随水供肥

甘薯是喜钾的作物，在施肥过程应根据地力情况决定施肥量和各种元素比例，坚持"控氮、稳磷、增钾"的原则，在翻耕起垄前，每亩基施商品有机肥、风干腐熟鸡粪或牛粪等30 000千克/公顷，农家土杂肥随耕地撒施，化肥在起垄时顺垄条施，每亩施用5千克纯氮、5千克五氧化二磷（P_2O_5）、10千克氧化钾（K_2O），肥料离垄面10 ～ 15厘米。

起垄时随起垄基施60%肥料，剩余的40%随浇水分两次追施。栽后立即浇水，采用水泵、滴灌带等设施当天即可浇水，确保每孔出水有1.5升左右。在栽后40 ～ 50天，块根开始膨大，可将30%肥料先用水溶解后随浇水施入田垄，浇水量控制在每孔1.0升左右。在栽后90天，可将10%肥料先用水溶解后随浇水施入田垄，浇水量控制在每孔0.6升左右。

（五）选用壮苗

壮苗标准是：叶色浓绿，叶片肥厚、大小适中，顶三叶齐平；茎粗壮，无气生根，无病斑，茎中浆汁浓，茎基部根系白嫩；节间长短适度，节粗壮，根原基粗大、突起明显；苗株挺拔结实，不脆嫩也不老化，有韧性，不易折断。要求苗龄在30 ～ 35天，苗长为20 ～ 25厘米，苗重为750 ～ 1 000克/百株，茎粗0.5厘米左右，节数为5 ～ 7节，节间长3 ～ 5厘米。

（六）适种密度

根据品种特性和种植习惯，确定适宜的种植密度，虽然各地垄距略有不同，但是株距应控制在22 ～ 26厘米范围内。商薯19建议种植密度为52 500株/公顷，徐薯22建议种植密度为49 500株/公顷，济薯25建议种植密度为45 000株/公顷。

（七）覆膜早栽

北方薯区，70%的甘薯种植采用地膜覆盖措施，地膜覆盖能提高10厘米地温3～5℃。一般集中在5月1日前后栽插，采用地膜覆盖技术可提前5～8天栽插。栽插时只留顶部3片展开叶，其余部分连同叶片全部埋入土中。栽插深度以5厘米左右为宜，浇足窝水，栽后封严窝。

一般采用先栽插后覆膜的方式，覆盖黑膜增产效果优于覆盖透明膜。地膜规格为0.008毫米厚。覆膜质量是决定覆膜效果的关键，要求地膜完整无破损，紧贴表土无空隙，用土压实边缘，但注意不要压断薯苗。覆膜后膜口要小，湿土封口，封实不透气，避免高温和除草剂熏蒸伤害薯苗。

（八）严防病虫害

采用高剪苗技术措施，禁止拔苗；栽插前用50%多菌灵可湿性粉剂500倍液或70%甲基硫菌灵可湿性粉剂700倍液浸苗基部10分钟预防黑斑病；用30%辛硫磷微胶囊剂混成泥浆浸蘸苗基部后栽插预防茎线虫病。栽插时穴施5%辛硫磷颗粒剂防治地下害虫。

田间生长期，用豆饼（麦麸）10～15千克，压碎、过筛成粉状，炒香后均匀拌入40%辛硫磷乳油1千克，傍晚前后撒在幼苗周围，每公顷撒75～90千克，防治地老虎、蝼蛄等；用4.5%高效氯氰菊酯乳油1 500～2 500倍液于幼虫3龄期前尚未卷叶时进行叶面喷施，防治卷叶蛾；用90%晶体敌百虫1 500倍液或50%辛硫磷乳油1 000倍液于幼虫3龄期前叶面喷洒，防治甘薯天蛾。

（九）绿色化控

调环酸钙是一种新的抑制赤霉素合成的植物生长调节剂，能被土壤中的微生物降解为二氧化碳，对轮作植物无残留毒性，对环境无污染。与广泛应用的三唑类延缓剂多效唑、烯效唑相比，调环酸钙具有环境友好的特性。在薯苗栽插后50～65天，用1 500毫克/升调环酸钙水溶液，喷施叶片，每5～7天喷1次，共喷2～3次，也可根据甘薯长势酌情增减用量。

（十）打蔓收获

根据气候条件，一般在10月中下旬开始收获。平原薯区可使用4JHSM-800/900型甘薯秧蔓粉碎还田机进行田间杀秧，采用青岛平度洪珠农业机械有限公司生产的4U-110型薯类收获机收获（牵引动力均为福田60型拖拉机），可提高工作效率，降低生产成本。

（十一）安全储藏

储藏前，清扫并消毒储藏窖，用硫黄熏蒸或多菌灵喷洒等方法灭菌，窖底、窖壁全部均匀喷洒。严格剔除带病、破伤、受水浸、受冻害的薯块，用多菌灵或甘薯保鲜剂浸蘸后储藏，储藏量占窖空间的2/3。储藏前期注意降温排湿，中期应注意通气、保温，窖温保持在10～15℃，湿度控制在85%～95%。

二、长江中下游薯区绿色轻简化技术

长江流域夏薯区包括青海以外的整个长江流域，涉及江苏、安徽、河南三省的淮河以南，陕西南部，湖北、浙江全省，贵州大部，湖南、江西、云南的北部，以及川西北高原以外的全部四川盆地地区。本区主要栽培制度是麦、薯两熟制。夏薯于前茬收获后至6月中下旬栽植，10月下旬至11月中旬收获，生长期140～170天。种植甘薯劳动力成本高、生产效率低，制约了该区甘薯生产和甘薯产业的发展，根本原因是甘薯生产发展质量和发展方式不适应市场需求。以绿色发展理念为导向，提高甘薯发展质量和效益，是该区甘薯生产发展的方向。近年来提出的以"地膜培育壮苗、一次清施肥、早栽、合理密植、机械起垄收获"为核心的淀粉加工用甘薯绿色轻简化栽培技术较适合该区应用。

（一）品种选择

根据各地多年形成的产业加工特点和市场销售渠道，结合当地的土壤气候条件，选择适宜的高淀粉甘薯品种。目前长江中下游薯区主栽的高淀粉品种主要有徐薯22、商薯19、渝薯17、川薯219、西成薯007、湘薯20等。

（二）轻简地膜育苗、培育壮苗

1. **苗床选址**　选择背风向阳、水源方便、土层深厚、土质肥沃的壤土，深翻耙细，整平后开厢。厢面宽度要依膜宽而定，一般应掌握比膜宽窄30厘米为宜。为了盖膜后有利于排除厢面积水，厢面应做成中间略高的瓦背形。

2. **深挖薯窝、重施底肥**　采取窝播，开40～45厘米见方的窝，以每窝播2个薯块的密度为宜。每平方米苗床地，用过磷酸钙40克、优质堆渣肥1～1.5千克、尿素20克，混合均匀后施于窝底，再施4～5千克水肥浸泡薯窝，收干后即可排种。

3. **精选种薯、适时排种**　长江中下游薯区，一般以3月上中旬排种为宜。要选无病、无虫、中等大小的健薯作种薯，以秋薯作种更好。排种时做到头朝上、尾朝下，上齐下不齐。然后覆盖细土，再把厢面做成瓦背形。排种量掌握在每公顷大田750千克，以确保足苗壮苗。薯种平排，首尾相接，种薯间不留空隙，排种后覆土2～3厘米。大小薯分开排，大薯排深些，小薯排浅些，上齐下不齐。

4. **平盖地膜、引苗出膜**　排种盖土后在厢沟四周平铲浅沟，然后盖膜。膜面应紧贴厢面，膜的四周用细土压实封严，以利增温保湿。薯种出苗前要经常检查地膜是否压实盖严，厢面是否有积水。薯苗出土后，要及时用小刀在出苗处将地膜划一小口,引出薯苗,使薯苗伸出膜外继续生长。如未及时引苗出膜,晴天膜内温度过高,容易造成烧苗。薯苗出土有早有迟,破膜引苗要适时进行,直至薯苗出齐为止。薯苗出齐后,应及时清理地膜,中耕除草,根据薯苗长势酌情施用农家水粪和速效氮肥,加速薯苗生长,力争多产苗、产壮苗。

(三)施肥、机械起垄

1. 施肥 肥料用量应遵循稳氮控磷增钾的大原则,做垄前作为底肥一次性施用。一般施用纯氮90千克/公顷、五氧化二磷(P_2O_5)75千克/公顷、氧化钾(K_2O)225千克/公顷,并根据土壤肥力、品种特性和气候趋势进行小调整。有机肥撒匀后深耕25厘米,化肥在起垄时作"包馅肥"使用,肥料施于距垄面15厘米以上处。

2. 机械起垄 大田耕翻深度以30厘米左右为宜,使用机械足墒起垄,垄距85~90厘米,垄高30~35厘米,垄面宽15厘米,垄直、面平、土松,垄心耕透无漏耕,垄截面呈半椭圆形。

(四)适时早栽、合理密植

1. 适时早栽 长江中下游薯区夏薯一般在前茬作物收获后开始栽插,栽插越早,产量越高。适时早栽可延长生育期,增加营养物质积累,提高干物质含量,还可增强植株对常见的"夏、伏旱"的抵抗能力。

2. 密植斜栽 适宜栽插密度为每公顷52 500~60 000株,薯苗与水平面成45度角斜插入土,栽深5~7厘米,栽插时薯苗至少3个节埋入土中。

(五)田间管理要点

1. 查苗补苗 栽后4~5天进行查苗,发现缺苗立即补栽。

2. 中耕除草 栽苗后至封垄前中耕1~2次,同时除草和培垄。第一次中耕宜深，以后渐浅，垄面宜浅，垄腰宜深，垄脚则要锄松实土，即"上浅、腰深、脚破土"，使土壤保持良好的通气状态，以利于块根的形成和膨大。

3．及时排水　甘薯生长中后期如逢大雨，涝洼地要及时排除田间积水。

（六）综合防治病虫害

重点防治甘薯天蛾、斜纹夜蛾、甘薯潜叶蛾、甘薯麦蛾等，用 16 000IU/毫克苏云金杆菌可湿性粉剂（Bt 生物制剂）千克/公顷 1 000 倍液喷雾。可在成虫盛发期前用 0.1% 草酸喷洒植株，隔 5 天喷 1 次，连喷 3 次，驱避成虫。

（七）适时收获，安全储藏

1．适时收获　根据气候条件，一般在 10 月下旬至 11 月初开始机械打蔓、机械破垄，人工捡拾收获，霜前结束，以防薯块受冻，确保丰产丰收。收获选晴天进行，留无病害、无破损的薯块作种薯，做到轻挖、轻装、轻卸，尽量减少薯块破伤，防止病菌从伤口感染，不利储藏。

2．安全储藏　储藏前，清扫消毒储藏窖，用点燃硫黄熏蒸或喷洒多菌灵的方法杀灭病菌，窖底、窖壁全部喷洒均匀。严格剔除带病、破伤、受水浸、受冻害的薯块，用多菌灵或甘薯保鲜剂浸蘸后储藏，储藏量占窖空间的 2/3。储藏前期注意降温排湿，中期应注意通气、保温，保持窖温在 10 ~ 15℃，湿度控制在 85% ~ 95%。

三、南方薯区绿色轻简化技术

南方薯区位于北回归线以北一带的狭长地带，包括福建、江西、湖南三省的南部，广东和广西的北部，云南中部和贵州南部及台湾嘉义以北的地区。北部地区栽培制度以麦、薯两熟为主，南部地区则以大豆、花生、早稻等早秋作物与甘薯轮作的一年两熟制为主。生长期120～150天。可根据市场需求调整种植面积，一般以秋薯为主。该地区推荐以"培育壮苗、病虫害生物防控、机械起垄收获"为核心的淀粉加工用甘薯绿色轻简化栽培技术。该区在农贸企业的带动下，逐步形成了"一级二级鲜薯直销、二级外鲜薯加工"的以种植、加工、销售一体化模式，走出了一条甘薯高效产业化发展道路，实现了农业增效、农民增收。

（一）品种选择

根据当地的消费习惯以及多年形成的市场销售渠道，市场需求淀粉含量19%以上、抗性强、既可作优质鲜食也可加工淀粉（粉丝）的优质淀粉型品种。推荐选用红皮橙黄橙红肉、食用品质优、抗薯瘟病和蔓割病、单株结薯多、薯皮光滑、商品性好、鲜薯产量高的品种。

（二）壮苗培育

1. 苗地选择及起垄　选在地势稍高、背风向阳、排灌良好、靠近水源、管理方便的地方整地起垄，垄宽为0.8～1.0米、垄高30厘米左右，长度视需要而定，四周开好环田排水沟。苗地施农家肥15 000千克/公顷、磷肥300千克/公顷。

2. 种薯处理　选择大小适中、整齐均匀、无病虫、无伤口、无冷害的薯块作种。将种薯放在25%多菌灵可湿性粉剂500倍液或50%硫菌灵可湿性粉剂400倍液中浸10～12分钟。

3. 排种　在春季气温稳定在15℃以上时，苗地垄上开沟，浇足底水，排种于沟中，盖2～3厘米厚的土，除遇特殊干旱外，出苗前通常不浇水，以免土温降低影响出苗。采用种薯首尾相接的形式平排，种薯间相隔5～10厘米。种薯出苗后适当浇水、追肥，促苗生长。大田用种量约450千克/公顷，排种期掌握在栽插前40天左右。

4. 苗期管理　薯苗长到10个节左右时，及时采苗进行假植扩繁。假植苗地起垄要求与下薯种地一样。在假植苗节数达到6～10个节时进行摘心打顶促分枝。摘心后可施尿素120～150千克/公顷培育嫩壮苗。当分枝苗长到8个节左右时即可采摘并进行大田栽插。苗期应注意防治斜纹夜蛾、甘薯天蛾等。

（三）整地起垄与施基肥

耕作土壤深度以25～30厘米为宜，精细耕整，机械起垄。垄距110厘米（包括垄沟）左右，垄高40厘米，每垄插植1行。整地起垄时施用磷肥300～450千克/公顷，以腐熟人粪尿、厩肥或堆肥等农家肥作基肥（约22 500千克/公顷），施用3.6%杀虫丹颗粒剂2.5千克，防治地下害虫；整地起垄后，可喷施精异丙甲草胺配合草甘膦控制田间杂草。

（四）田间种植

1. 选用顶端壮苗　采顶端第一段苗（25厘米长有6～8个节），剔除弱苗，保持薯苗新鲜。在栽插前可用50%多菌灵可湿性粉剂1 000～2 000倍液，或用50%硫菌灵可湿性粉剂500～700倍液，浸苗基部（5～10厘米）10分钟，药液可以连续应用10次左右。

2. 栽插时间　春植选择在3月底、4月初栽插；夏植选择在5月中旬至7月中旬进行；秋植选择在立秋前后种植。

3. 密度与栽插方式　密度以54 000～60 000株/公顷为宜。采用斜栽法和平栽法。栽插后浇透水。

（五）田间管理

1. 查苗补苗　栽后7天内进行查苗，发现缺苗立即补栽，并保持土壤湿润。

2. 中耕培土　薯苗返青后至封垄前，进行1次中耕除草。在栽插后50天左右，进行一次开垄大培土，将泥土覆盖回垄时，尽量将茎蔓基部覆盖好，可预防蚁象危害。培土后将薯蔓均匀摆放回原处。春植可延迟15天左右进行大培土。

3. 施肥管理

（1）促苗肥。在栽插后15～20天，薯苗活棵时追施速效氮肥，用尿素75～120千克/公顷，若薯苗青绿较壮，可免施促苗肥。

（2）促薯肥。结合开垄培土重施促薯肥，施用钾肥300～450千克/公顷、氮肥150～225千克/公顷，或折合等量肥效的复合肥；同时施用50%辛硫磷乳油22.5～30千克/公顷拌土防治地下害虫。

（3）水分管理。适宜的土壤水分为田间持水量的60%～80%。薯苗栽插后，晴天应浇水护苗，连续进行2～3天，直至成活；结薯期，干旱时灌浅水；薯块盛长阶段，若遇干旱应及时灌跑马水，灌水深度为垄高的1/3；收获前20天应停止灌水；遇涝及时排清田间积水。

（六）病虫害防控

使用性诱剂诱杀防治蚁象。每公顷按30～45个点的量放置在甘薯田周边，同一地段统一放置诱杀装置。

（七）适时收获

甘薯在栽插后120天以上就可开始机械打蔓、机械破垄，人工捡拾收获，春薯收获时间应延迟1个月左右。可根据市场需求或加工原料的需要，薯块长到适宜大小时分批收获上市，或收获贮藏；应选晴朗天气收获，做到轻挖、轻拿、轻运和轻放，减少薯块破损，以延长薯块的存放时间。

四、典型案例分析

（一）"一改两增"轻简化栽培技术典型案例分析

2010—2017年在山东省济宁市泗水县和邹城市示范推广丘陵旱薄地甘薯"一改两增"轻简化栽培技术，即改换苗为高剪苗，增加种植密度，增施钾肥。示范内容、核心技术、目标、典型案例如下。

1. 示范内容

（1）耐旱耐瘠高淀粉型甘薯品种示范推广。确立适宜丘陵薄地种植的高产、高淀粉型甘薯品种，要求淀粉含量高、符合企业加工生产淀粉需求；耐旱耐瘠薄能力强，高抗甘薯根腐病，抗甘薯茎线虫病，耐贮性好。

（2）高产优质高效配套栽培技术体系示范推广。该技术体系由轻简化培育壮苗技术、高剪苗栽插技术、种薯、薯苗快繁技术、测土配方施肥技术、病虫草害安全综合防控技术、全程化学控制技术、机械化起垄收获、种薯安全贮藏等单项技术熟化集成。

2. 核心技术

（1）种植高淀粉耐贫瘠甘薯品种。主栽品种为济薯21和济薯25，品种特点为：高抗根腐病、抗茎线虫病、淀粉含量高、耐旱耐瘠能力强、商品性好。

（2）稀排种、高剪苗、露三叶斜栽。苗床排种由斜排改为平排，排种密度10千克/米^{2}左右；苗床采苗时采用高剪苗方法；栽插时采用露三叶斜栽，其余叶片全部埋入土中。

（3）增加密度、增施钾肥、全程化控。栽植密度由每公顷39 000～42 000株增加到52 500株；测土配方施肥，根据地力，增施硫酸钾225～450千克/公顷；生长过程全程化控，前期促进生长，中后期控制生长。

（4）采用高效低毒低残留农药。以阿维菌素、辛硫磷微胶囊、多菌灵等为主要防治甘薯病虫害用药。

（5）机械化起垄、收获。根据丘陵地特点，选用小型机械起垄、收获。

3. **示范目标** 通过种植高产高淀粉抗病耐瘠薄甘薯品种济薯21和济薯25，以及高产优质高效配套生产技术体系的试验示范和大面积推广，带动丘陵薄地大面积高淀粉型甘薯单产显著提高，品质明显改善，产品竞争力大幅度提升，示范区产量达到鲜薯37 500～45 000千克/公顷，纯收入达到30 000～37 500元/公顷。

4. **示范典型案例**

（1）邹城市高产示范典型。2011年，在邹城市城前镇丘陵旱薄地，大面积试验示范甘薯"一改两增"轻简化栽培技术，示范田面积达1 000亩以上，以城前镇上河村为主，辐射东南河村、西南河村，主栽品种为济薯21。该地区原来主栽品种为徐薯18，种植密度一般为37 500株/公顷，产量水平为22 500千克/公顷，2011年品种更新为济薯21，全部采用高剪苗，密度增加到52 500株/公顷，在原来施肥的基础上增加钾肥纯氧化钾（K_2O）75千克/公顷。

2011年10月25日，专家验收组对该示范基地进行了现场验收，实地选取5点收获计产，鲜薯产量最高为3 047.8千克/亩，最低为2 432.8千克/亩，平均鲜薯产量为2 643千克/亩。实地取样检测表明，济薯21鲜薯干物率为36.8%，折合薯干产量972.6千克/亩（图8）。

图8 "薯干产量倍增技术"现场观摩会

（2）淀粉原料生产基地典型。利用丘陵旱薄地甘薯"一改两增"轻简化栽培技术规程，在泗水金庄、圣水峪建立规模化淀粉原料生产基地，合作模式为科研单位＋企业＋农户。山东省农业科学院负责提供品种和种植技术，定期进行技术指导和培训；泗水利丰食品有限公司与农户签订合作协议。2016年该生产基地种植淀粉型甘薯品种济薯25约2 000亩，平均亩产3 000千克，每千克协议价0.76～0.9元，除去种苗、肥料、机械和人工支出，平均每亩收益为1 500～2 000元；2017年该生产基地济薯25种植面积达到5 000亩，平均亩产3 000千克，每千克协议价0.9元，平均每亩收益达到2 000元。该生产基地农民通过种植甘薯脱贫致富，企业通过建立生产基地，保证了原料的质量，提高了产品的品质，进而提高了经济效益，新品种和新技术通过基地建设和带动作用获得了较好的推广应用。该基地在发展过程中，产业化水平逐步提高，在丰富产品的同时，发展了脱毒甘薯种薯种苗的经营，每年可提供脱毒种苗10万株，较好地满足了企业自身需要和周边市场的需要，带动了当地甘薯产业的发展。

（二）"两快一省"（浇水快、插苗快，省人工，降低劳动强度）轻简化覆膜栽培技术典型案例

1. 示范典型 2015年5月17日，烟台市科技局邀请专家对烟台市农业科学院研发的"甘薯新型高产高效轻简化覆膜栽培技术"中的"甘薯栽插环节节省劳动力"内容，进行了现场验收，并与传统的覆膜栽培技术进行了对比。试验设在烟台市农业科学院10号试验田，设立了"新型高产高效轻简化覆膜栽培技术"和传统的"覆透明地膜栽培技术"（对照），每个技术的试验面积为191.5米^2，行长63米，4行区，行距6厘米，株距21厘米。经现场测定栽插66.9米^2，"新型高产高效轻简化覆膜栽培技术"（未采用机械覆膜）4人用时30分钟，传统"覆透明地膜栽培技术"4人用时62分钟，分别折合每亩用工2.48个和5.14

个（每个劳动力按8小时/天计算），新技术比传统技术节省劳动力51.6%。新技术用插苗棒代替了徒手插苗，降低了劳动强度；覆盖黑色地膜，不用喷施除草剂，产品无除草剂污染。

2.高产高效典型　2016年采用甘薯新型高产、高效、轻简化覆膜栽培技术在烟台牟平区高陵基地种植烟薯25号1 000余亩，2016年10月由国家甘薯产业技术体系专家组进行测产验收，经实地选取5点收获计产，鲜薯产量最高为4 085.0千克/亩，最低为3 473.0千克/亩，平均鲜薯产量为3 840千克/亩，比周边农户用传统方法种植增产16.7%～34.5%（图9）。

图9　高产高效轻简化覆膜栽培技术

（三）全程机械化高效栽培技术典型案例

山东省农业科学院与邹平县泰和农业科技有限公司合作，在邹平县青阳镇建立200亩甘薯机械化试验示范基地。基地主要种植品种为济薯26，从壮苗培育、栽插密度、栽插方式、地膜覆盖、化控调节、病虫害防治、收获贮藏等环节对基地进行技术指导，主要采用25.73～51.45千瓦（35～70马力）的窄轮拖拉机作为配套动力，选用GQL-1型大垄单行旋耕起垄机、运城恒达机械移栽覆膜机、4JHSM-800型切蔓机、600型甘薯收获机等机械进行甘薯全程机械化作业，不仅节约了人力，而且缩短了甘薯栽插及收获时间，提高了种植效益（图10）。

图10 邹平县全程机械化示范基地

（四）长江中下游薯区甘薯"一季亩产薯干产量超吨技术"和"薯干倍增技术"典型案例

2012—2017年，四川省南充市农业科学院进行了"甘薯一季亩产薯干产量超吨技术"和"甘薯薯干倍增技术"的示范推广。

1. 示范内容

（1）高淀粉型甘薯品种示范推广。筛选确立适宜长江中下游薯区种植的高产、高淀粉型甘薯品种，要求淀粉含量高、符合企业加工生产淀粉需求。

（2）高产优质高效配套栽培技术体系示范推广。该技术体系由"地膜培育壮苗、一次清施肥、早栽合理密植、机械起垄收获"为核心的淀粉加工用甘薯绿色轻简化栽培技术等单项技术熟化集成。

2.**核心技术**

（1）种植高淀粉甘薯品种。主栽品种徐薯22、商薯19、川薯218、西成薯007、渝薯17、广薯87、绵紫薯9号等，品种特点是淀粉含量高、综合性状好。

（2）地膜培育壮苗、早栽。保温多育苗、育壮苗，5月20日之前高垄栽插，垄距90厘米，株距18～19厘米，密度为每公顷54 000～60 000株。采用地膜覆盖栽培，栽插期可提前至4月底。

（3）一次清施肥、综合防治病虫害。肥料用量应遵循稳氮控磷增钾的大原则，做垄前底肥一次性施用，一般施纯氮90千克/公顷、五氧化二磷（P_2O_5）75千克/公顷、氧化钾（K_2O）225千克/公顷；重点防治甘薯天蛾、斜纹夜蛾、甘薯潜叶蛾、甘薯麦蛾等。

（4）机械化起垄收获。

3.**示范目标**　通过高产高淀粉甘薯品种徐薯22、商薯19、川薯218、西成薯007、渝薯17、广薯87、绵紫薯9号以及高产优质高效配套生产技术体系的试验示范和大面积推广，带动大面积高淀粉型甘薯单产显著提高，品质明显改善，产品竞争力大幅度提升，示范区平均产量达到鲜薯37 500～45 000千克/公顷，纯收入达到15 000～22 500元/公顷。

4.**示范典型案例**

（1）西充县淀粉原料高产示范典型。2015年在西充县双凤镇聚信薯业专业合作社基地建立"甘薯一季亩产薯干产量超吨技术"示范基地。示范田面积达100亩以上，示范品种为渝薯17、西成薯007，一次清施肥纯氮（N）135千克/公顷、五氧化二磷（P_2O_5）75千克/公顷、氧化钾（K_2O）225千克/公顷，底肥施入，5月10日栽插，密度为52 500株/公顷（图11）。

11月3日，由国家甘薯产业技术体系、四川省农业厅省种子管理站等单位约专家组成的验收组进行现场验收。通过挖方测产，西成薯007鲜薯产量达到43 245千克/公顷，渝薯17达到45 082千克/公顷，折合薯干每公顷分别为15 211千克和16 710千克。

图11 "一季亩产薯干超吨技术"测产验收现场

（2）阆中市高产示范典型。2015年，四川省在阆中市高观镇宇晟林木种植专业合作社基地，建立"甘薯薯干倍增技术"示范基地。示范田面积达150亩以上，示范品种绵紫薯9号、渝薯17，一次清施肥五氧化二磷（P_2O_5）75千克/公顷、氧化钾（K_2O）225千克/公顷，底肥施入，5月23日栽插，黑地膜覆盖，密度为60 000株/公顷（图12）。

图12 "薯干倍增技术"测产验收现场

11月3日，验收组进行现场验收。通过挖方测产，绵紫薯9号鲜薯产量为57 006千克/公顷，折合薯干每公顷为16 834千克。

（五）广东省惠东县淀粉型甘薯产销加工一体化模式

惠东县地处粤东，甘薯种植面积为10万亩，除60%鲜薯用作商品销售外，约有34%鲜薯用作加工甘薯粉丝的原材料。耕作方式为甘薯与其他作物如春花生（或水稻）连作。可种植晚春薯、夏薯、秋薯，根据市场需求调整种植面积，一般以秋薯为主。在农贸企业的带动下，实施"南方薯区淀粉加工用甘薯绿色轻简化栽培技术"，逐步形成了"一级二级鲜薯直销、二级外鲜薯加工"的以种植、加工、销售一体化模式，走出了一条甘薯高效产业化发展道路，实现了农业增效、农民增收。

惠东县甘薯种植品种以广薯87为主，一般亩产鲜薯约2 500千克，2009年售价平均每千克1.6元以上，亩收入4 000元以上，除去生产成本（育苗、肥料、农药、人工等）1 000元，亩纯收入均在3 000元以上。

（张立明 李育明 汪宝卿 等）

·········· **主要参考文献** ··········

雷剑，王连军，苏文瑾，等，2019. 六种杀虫剂对甘薯小象甲的触杀毒力测定[J]. 湖北农业科学，S2 (58)：277-278.

南晓英，刘燕茹，2018. 甘薯黑斑病药剂防治效果试验[J]. 现代农村科技，9: 65.

杨爱梅，王家才，孟自力，等，2012, 3种防治甘薯茎线虫病药剂的田间防治效果评价[J]. 江苏农业科学，1:121-123.

殷茵，龚卫良，陆彦，等，2019. 不同药剂对甘薯麦蛾的田间防效[J]. 现代农药，18 (3) 48-50.

张鸿兴，解红娥，武宗信，等，2020. 甘薯绿色高产高效栽培技术研究[J]. 山西农经，2:86-90.

翟洪民，2014. 甘薯贮藏招招鲜[J]. 农产品加工，11:40.

第三章

鲜食用甘薯绿色轻简化关键技术

　　鲜食用甘薯无论薯肉色红、橙、黄、紫，最重要的性状是适口性好，就是人们常说的好吃。南北方薯区市场对鲜食用甘薯的要求不同：薯皮色，北方地区偏爱黄色、南方及东北地区偏爱红色；口感，北方地区偏爱软黏甜型、南方及东北地区偏爱粉糯香型；规格，北方地区偏爱300 ~ 500克、南方地区偏爱50 ~ 200克。本章根据三大薯区的土壤、光照、气温等生态环境特点以及产业加工和市场销售渠道等提出了北方薯区、长江中下游薯区和南方薯区鲜食用甘薯绿色轻简化栽培关键技术，并针对不同薯区的有机轻简化、节水高效和绿色轻简化等典型案例进行分析，以期对鲜食用甘薯生产提供理论依据和技术支撑。

一、北方薯区绿色轻简化技术

　　北方薯区主要包括淮河以北黄河流域的省份，涉及北京、山东、河南、河北、山西、陕西、安徽等地。本区属季风性气候，年平均气温8 ~ 15℃，无霜期150 ~ 250天，日照百分率为45% ~ 70%，年降水量450 ~ 1 100毫米，土壤为潮土或棕壤，土层较厚，适合机械化耕作，以种植春、夏薯为主。根据中国农业年鉴资料分析，2015年本区种植甘薯面积达110万公顷左右，占全国种植面积比例已下降至28.8%。北方薯区以淀粉加工和鲜食用品种为主，丘陵山区和淮河以北的平原旱地淀粉用甘薯种植和加工集中度高，鲜食用甘薯种植多位于大城市郊区或交通要道沿线。近年来随着产业结构的调整，鲜食用甘薯的种植面积逐年增大，在很多非传统种植区域面积增长很快，如辽宁、新疆、宁夏、内蒙古等地，取得了较好的收益。

（一）品种选择

根据各地多年形成的产业加工特点和市场销售渠道，结合当地的土壤气候条件，选择适宜的鲜食用甘薯品种。北方薯区主栽鲜食用品种传统上是北京553、遗字138等，近年来推广面积较大的品种有烟薯25、济薯26、普薯32、苏薯8号、心香、龙薯9号、红香蕉、徐薯32等，在山东、河北一带订单种植日本品种红东、金千贯、玉丰等。品种选择根据市场销售方向确定，高产型如龙薯9号、苏薯8号等，具有高产、短蔓、结薯早等特点，适合大批量农贸市场销售，品质一般。烤薯型可选择烟薯25、济薯26，小包装迷你型可选择心香、徐薯32等，其中徐薯32具备超短蔓、淀粉含量高、薯块耐冷性好等特点。

（二）绿色育苗关键技术

1. 苗床准备　选在背风、向阳、排水良好、土层深厚、土壤肥沃、靠近水源、管理方便的地块，确保没有甘薯土传病害。整地前可施充分腐熟的粪肥，每平方米5千克，或复合肥50克/米^2，施肥后轻刨搂平备用。尽量不用甘薯藤、薯干等作饲料产生的畜禽粪肥，以防病原物随有机肥传入苗床。育苗床畦有多种规格，从采苗及管理角度考虑，一般畦宽多为1米，深度多为15厘米，长度根据通风需要确定，小拱棚双膜育苗长度在10米左右，大棚内育苗长度和大棚相同。

2. 种薯准备　选择具有品种特征、薯形端正、无冷、无冻、无涝、无伤和无病害的薯块作为种薯。种薯消毒可用多菌灵浸泡处理。

3. 排种育苗 北方薯区黄淮一带一般在3月上中旬开始冷床育苗，其他地区需要采用温床育苗。根据品种出苗性与种薯大小等确定排种密度，一般每平方米可排种薯20千克，采用上平下不平，薯块头部朝向一致。浇足水，盖细土2～3厘米厚，覆盖物还可选择河沙、基质等。抚平畦面后覆盖地膜，地膜宽度不要超过1米，以防缺氧伤害种薯。

4. 苗床管理 排种后注意保温，10～15天开始出苗，有条件的可在出苗前铺设滴灌带，每条滴灌带间隔50厘米左右。出苗后及时去除地膜，根据墒情进行补水，拔除杂草。小拱棚要注意勤通风，避免高温烧苗，晴好天气于上午10时将拱棚两端打开，下午3时关闭。大棚育苗比较安全，根据棚内温度情况适当通风。采苗前3～4天开始通风炼苗，将拱棚膜敞开。采苗2～3次后要补充肥料，可在采苗后等待半天，撒施尿素50克/米²或其他速溶性氮肥，然后浇水，或溶于水中随滴灌进行追肥，遵照少量多次的原则，避免烧苗。不要在苗床淋雨时剪苗，伤口遇水愈合慢，杂菌容易随伤口侵入薯苗基部，严重时会造成种薯腐烂。

5. 剪苗与苗圃快繁 改习惯拔苗为高剪苗，剪苗时保留基部5厘米，防止将病菌带入田间的风险。一般薯苗高度达到25厘米，剪下的苗长20厘米，有5～6个展开叶。剪苗后若不能及时扦插，需要建立快繁苗圃，选择平坦肥沃地块，畦宽可设定为1米，栽插密度为每平方米100～200株。江苏徐州甘薯研究中心设计了打孔器，在一铁架上焊接钢锥，长度12厘米，直径16毫米，间距8厘米，人力打孔，将薯苗放入孔中，一畦完成后浇水，土壤随水流灌满植苗孔，达到轻简化高效率的目的，每人每天可栽插5 000～8 000株（图13）。

图13 薯苗快繁用打孔器

（三）土地准备、施肥与起垄

1. **绿色栽培土壤要求** 选择绿色甘薯种植在土壤方面要注意选择没有重金属、化学品污染的土壤，有条件的可增加深翻、冻垡、晒垡等措施，促进有害物质分解淋失，培育良好的土壤生态系统，保证甘薯的产量与品质。一般来说甘薯比较喜生土，特别是刚翻出的深层土，除这些土壤中磷、钾及微量元素等含量较高外，最重要原因是这些土壤没有受到化学品污染，作物可以免受有害物质的胁迫，容易形成高产。随着农业化学化的发展，来自化肥、除草剂、控旺剂等人工施用物质以及残留地膜等对土壤的污染越来越严重，在很多地区出现了疑难杂症，如死苗、不正常薯拐膨大、畸形薯增加、裂口增加等外观可见症状与土壤有害残留有关。

2. **绿色栽培施肥方式** 绿色栽培对肥料也有很高要求，减少化肥使用，增加有机肥的用量，适当配合生物菌肥等。化肥使用要求精准定量，根据甘薯需肥期进行调节供应，减少养分流失，提高肥料吸收利用率。普通有机肥、饼肥等适宜作基肥，一般每公顷可施750千克豆饼粉，在起垄时均匀混入垄体，不能穴施，避免氨气烧根。后期可根据生长情况适当喷施叶面肥，多采用磷酸二氢钾，每公顷用量4.5千克左右，尽量在傍晚喷施，利用夜间露水浸润叶片帮助吸收，避免烧叶现象。在北方可结合滴灌开展水肥一体化，按需供肥，既提高肥料利用率，减少流失对环境的影响，又能够根据甘薯的不同阶段需肥量差异进行供应，避免旺长。

3. **轻简化机械起垄** 目前，起垄覆膜等有多个机型供选择，一般根据地块大小确定起垄方式。对于地块偏小、土地不规则的田块，推荐用单垄模式，垄宽70～100厘米，采用小四轮作业建议垄距90～100厘米，垄高达到20～25厘米。对于面积较大的田块，建议采用大型拖拉机起垄作业，可采用大垄双行模式，垄距160厘米，呈M形，垄高可达到25～30厘米，栽插后拖拉机仍可进地完成中耕、追肥、除草等工序，作业效率高，节约大量人工。

麦茬夏薯区提倡小麦秸秆还田，在起垄前将小麦秸秆粉碎，旋耕起垄，混匀在土壤中，可起到改善土壤结构、增加透气性的目的。因前期秸秆腐烂需要从土壤中吸收氮肥，容易和甘薯苗争肥，可通过适当增施氮肥解决，或在还田后等待十几天秸秆腐烂再起垄。

（四）适期栽插

鲜食型甘薯的栽插期弹性大，在北方从4月下旬至7月中旬均可种植。对于早上市的品种，需要尽早栽插，一般黄淮地区可在谷雨前后露地移栽，8月上旬开始收获。根据品质及市场需要调整栽插期，麦茬、大蒜茬甘薯可在6月上中旬开始移栽，鲜食玉米茬可在7月中旬移栽。一般栽插密度50 000株/公顷，采用斜栽或船底形栽插，浇足窝水，保持入土节间3～4个，气温高时需要将大叶埋入土中保证成活。有条件的可采用定穴浇水器浇窝水，达到轻简化标准一致的目的。

（五）田间管理要点

1. **杂草控制及除草剂使用**　化学除草剂与控旺剂的污染成为绿色生产的主要问题，在实际操作中，尽量采用物理措施进行除草。在出现严重草害的情况下，建议采用中耕机械辅助人工除草，减少化学除草剂使用。前期使用乙草胺等封闭药物，喷施后几天不要遇到下雨，尽量让除草剂停留在地表，在阳光下进行分解。除草剂进入土壤中会残留更长时间，脱除比较困难，长期积累会造成作物生长异常，降低产量品质，达不到绿色生产的标准。

2. **控旺及控旺剂的选择与使用**　甘薯旺长是由多方面原因造成的，包括品种因素、天气高温高湿、土壤肥力偏高、地上部养分向块根转移不顺畅等，其中人工能够干预的是促进藤蔓养分向薯块转移，避免藤蔓截留养分造成旺长，促进块根膨大。其中最重要措施是通过中耕培土抬高垄体，创造有利于块根膨大的环境，让养分顺利向地下部转移。目前甘薯种植广泛采用的控旺措施主要是喷施多效唑、烯效唑、矮壮素、缩节胺等，很多农户将喷施控旺剂作为高产的必要措施，成为常规性技术。但现在滥用控旺剂现象较严重，有些农户在生长期大剂量多次使用，给产品安全带来了隐患，大量的控旺剂进入土壤还会造成有害残留。绿色甘薯栽培尽量采用栽培措施进行控旺，包括栽插期调整、加高垄体、施用缓释氮肥、前期结合除草进行提蔓等。甘薯藤蔓反转后受到阳光刺激背面容易产生分枝，利用这个特性可在封垄前后结合除草进行提蔓翻转，增加分枝数，切断节间飞根，限制主蔓长度，达到控旺的目的。

3. 绿色病虫害防控技术　绿色栽培对化学农药的应用限制较多，病虫害的防控尽量采用物理防控以及生物防控技术。针对地下害虫及夜蛾类害虫，连片种植要优先考虑黑光灯诱杀技术，这项措施可有效捕捉蛴螬的成虫金龟子、地老虎成虫、夜蛾、美国白蛾等具有强烈趋光性的害虫，一般大面积种植每0.5～1公顷安装一台，在北方从5月初到9月底开灯，每天开灯时间在傍晚至夜里12点，基本上能避免蛴螬、夜蛾类的危害，全程可不用杀虫剂。在不具备安装杀虫灯的田块，建议采用生物农药及植物性药物进行驱避降低危害，有些植物也具有驱避作用，如蓖麻、留兰香、万寿菊、薄荷等栽在田地四周也有一定的驱虫作用。在选择绿色甘薯田时注意不要选择有病害的田块，一旦出现需要化学农药防治的病害，需要进行降级栽培，所产的甘薯不能称为绿色甘薯。

（六）省力节本操作技术

绿色甘薯生产的各个环节比较费工，采取轻简化机械化措施能够大幅度降低人工成本，减少损伤，提高工作效率，尤其是标准化栽培更需要多方面的轻简化技术集成。在起垄、移栽、施肥、中耕培土、去蔓、挖薯等各环节均有不同类型的机械可供选择，其中徐州甘薯研究中心发明的环刀形收获器适合北方单垄种植模式，采用小四轮拖拉机驱动，垄距80~100厘米，在清理掉垄面藤蔓杂草后每小时可挖薯0.1~0.2公顷，伤薯率低，制造简单，适合小面积商品薯收获（图14）。创制的大垄双行全程机械化模式适合种植大户使用，一台60~90马力拖拉机作为动力平台可完成从起垄、覆膜、中耕除草到切蔓、挖薯等主要工序。各地要根据土壤类型、土壤干湿度、当地机械普及程度等创制轻简化技术模式，尽可能减少人工、降低劳动强度、提高作业效率。

图14　环刀形收获器

（七）商品薯的收获、储藏、运输注意事项

绿色甘薯需要保证良好的外观及内在营养品质，这就需要在收获、储藏、运输各个环节细心操作，全程不能使用杀菌剂、保鲜剂等化学品。在收获时尽量不要破皮损伤，薯块两端用剪刀切断，保持端口平整。在10月中下旬收获时光照较弱，可将薯块置于田间晾晒几个小时促进愈合，但在高温季节收获时不能暴晒，需要立即装箱遮盖，尽快运至储藏库。因甘薯容易破皮、大小混合后比较难分拣，所以尽量在田间分拣，按照大小、形状等将够级别的薯块进行分级装箱，鲜食型甘薯不要用编织网袋盛放，推荐采用塑料周转箱，内壁衬无纺布减少破皮。进入储藏库后用风机吹风促进伤口愈合，时间可持续2～3天，愈合处理时注意保持储藏库的温湿度（冷凉、较大的湿度），尽量减少甘薯失水与糖化，甘薯收获后遇到干热空气会失水萎焉，丧失生命活力，且容易腐烂，尤其是细长小薯更容易失水，在收获时注意不能长时间日晒。入窖后保持所有甘薯都可接触到潮湿的流动空气，将甘薯呼吸释放的水分带走，避免局部出现水露引起软腐病、黑斑病等。甘薯适合储藏的温度是9～13℃，在运输过程中也要保持合适的温度，冬季运输不要长时间低于9℃，注意避免碰撞，最好是用缓冲材料相互隔离、装入纸箱或保温箱。

二、长江中下游薯区绿色轻简化技术

为改变不科学的简化栽培模式造成的减产及化肥、农药超量使用造成的农业生态环境污染、农产品农药残留超标、农作物药害等甘薯生产中存在的现象，通过改变传统的施肥方式，简化甘薯生产程序，推广绿色病虫害防治技术，科学指导病虫防控，减少化肥、农药用量，实现化肥、农药零增长目标，减少农业生态环境污染，确保粮食生产质量安全和农业生态环境安全，实现食用甘薯生产节本增效，达到省工、节约资源、减少污染、高产高效的目标。

（一）品种选择

根据各地多年形成的食用甘薯消费习惯和市场销售渠道，结合当地的土壤气候条件，选择适宜的食用甘薯品种。目前长江中下游薯区主栽食用品种主要有心香、苏薯8号、烟薯25、南薯88、广薯87、普薯32、浙薯13、南紫薯008、绵紫薯9号等。

（二）地膜育苗、培育壮苗

1．苗床选址 选择背风向阳、水源方便、土层深厚、土质肥沃的壤土，深翻耙细，整平后开厢。厢面宽度要依膜宽而定，一般应掌握比膜宽窄30厘米为宜。为了盖膜后易排出厢面积水，厢面应做成中间略高的瓦背形。

2．深挖薯窝、重施底肥 以采取窝播，40～45厘米见方开窝，每窝播两个薯块的密度为宜。每平方米苗床地施过磷酸钙40克、优质堆渣肥1～1.5千克、尿素20克，混合均匀后施于窝底，再每平方米浇4～5千克水浸泡窝子，收干后即可排种。

3．精选种薯、适时排种 长江中下游薯区，一般以3月上中旬排种为宜。要选无病、无虫、中等大小的健薯作种薯，以秋薯作种更好。排种时做到头朝上，尾朝下，上齐下不齐。然后覆盖细土，再把厢面做成瓦背形。排种量掌握每公顷大田排种750千克，以确保一发藤子栽齐。薯种平排，头尾方向一致，种薯间不留空隙，排种后覆土厚2～3厘米。大小薯分开排，大薯排深些，小薯排浅些，上齐下不齐。

4．平盖地膜、引苗出膜 排种盖土后在厢沟四周平铲浅沟，然后盖膜。使膜面紧贴厢面，膜的四周用细土压实封严，以利增温保湿。薯种出苗前要经常检查地膜是否压实盖严、厢面是否有积水。薯苗出土后，要及时用小刀在出苗处将地膜划一小口，引出薯苗，使薯苗伸出膜外继续生长。晴天膜内温度很高，如不及时引苗出膜，容易造成烧苗。薯苗出土有早有迟，破膜引苗要经常及时进行，直至薯苗出齐为止。薯苗出齐后，及时清理出地膜，中耕除草，根据薯苗长势酌情施用农家水粪和速效氮肥，加速薯苗生长，力争多产苗、产壮苗。

（三）施肥、机械起垄

1．施肥 以施用有机肥为主，可适时限量施用化肥。肥料用量应遵循稳氮、控磷、增钾的大原则，作垄前采用底肥一次性施用。一般施优质栏肥30 000～40 000千克/公顷，三元复合肥（15-15-15）600千克/公顷，并根据土壤肥力、品种和气候趋势进行小调整。有机肥撒匀后深耕25厘米，化肥在起垄时作"包馅肥"使用，肥料离垄面15厘米以下。

2.机械起垄　大田耕翻深度以30厘米左右为宜，使用机械足墒起垄，垄距85～90厘米，垄高30～35厘米，垄面宽15厘米，垄直、面平、土松，垄心耕透无漏耕，垄截面呈半椭圆形。

（四）适时早栽、合理密植

1.适时早栽　长江中下游薯区一般在5月上旬开始栽插，根据前作茬口情况，可提前至4月初栽插。栽插越早，产量越高。适时早栽延长了生育期、增加了营养物质积累、提高了干物质含量，还可增强对常见的"夏、伏旱"的抵抗能力，同时还可早收获，提前上市。

2.密植斜栽　适宜栽插密度为每公顷52 500～60 000株，薯苗与水平面成45度角斜插入土，栽深5～7厘米，栽插时薯苗至少3个节埋入土中。

（五）田间管理要点

1.查苗补苗　栽后4～5天进行查苗，发现缺苗立即补栽。

2.中耕除草　栽苗后至封垄前中耕1～2次，进行除草和培垄。第一次中耕宜深，以后渐浅，垄面宜浅，垄腰宜深，垄脚则要锄松实土，即"上浅、腰深、脚破土"，使土壤保持良好的通气状态，以利于块根的形成和膨大。

3.及时排水　生长中后期如逢大雨，涝洼地要及时排出田间积水。

（六）病虫害绿色防控技术

1. 农业防治

①健薯健苗，轮作倒茬。因地制宜选用抗(耐)优良品种，建立无病留种地（包括大田栽植）。从育苗到储藏，采用健薯育苗，使用健康的不带病毒、病菌、虫卵的种薯育苗，用健薯栽植，结合冬耕拾虫冻垡。实行轮作倒茬，应在3年内未种过甘薯的生茬地栽植。

②合理密植，清洁田园，降低病虫源数量。加强中耕除草、清洁田园、清除地头杂草等田间管理措施，降低病虫源数量。

③建立病虫预报系统，做到尽量少用农药和及时用药。

④病薯病株，及时处理：观测田间发病中心，对病株及时清除。在贮藏、育苗过程中，发现病薯、病株残体等，应及时清除并深埋。

2. 生物防治

①防治鳞翅目幼虫，如甘薯天蛾、斜纹夜蛾、甘薯潜叶蛾、甘薯麦蛾等，利用1 600单位/毫克苏云金杆菌可湿性粉剂即Bt生物制剂500 ～ 1 000倍液喷雾。在成虫盛发期来临之前，用0.1%的草酸喷洒植株，隔5天喷1次，连喷3次，驱避成虫效果很好；或喷施25%的灭幼脲1 000倍液，效果亦好。

②防治蚜虫及金针虫、地老虎、蛴螬等地下害虫，可用0.38%的苦参碱乳油300 ～ 500倍液喷施（防治蚜虫）或灌根（防治地下害虫）。

③防治蛴螬等，使用2%的白僵菌粉2千克/亩，起垄前撒施或栽植时穴施，施后封严，防日晒。

3. 物理防治

①储藏时高温（36 ～ 38℃）处理4昼夜、高温（35 ～ 38℃，3 ～ 4天）催芽育苗及控制储藏温度（11 ～ 14℃）。另外，收获

要适时，10厘米地温12～15℃时即可收获。要防止薯块受冻，防止破伤，并保持储藏窖温11～14℃，不低于10℃。对储藏窖、育苗床要消毒。灌水要适量，保持土壤通气，可防治软腐病发生。

②黑光灯诱杀鳞翅目与蛴螬成虫。可采用黑光灯或糖醋液诱杀成虫。以趋性诱杀配合人工捕捉：在大田周围种植蓖麻，以诱杀大黑、黑皱鳃金龟甲；甘薯收获后及时清除田间遗留的病残株叶，耕地时人工拣拾蛴螬。通过深翻改土，创造良好土壤条件，促进植株健壮生长，提高抗性。

③泡桐叶诱集小地老虎幼虫。傍晚在田间每隔一定距离放一堆泡桐叶，早晨翻开叶进行人工捕杀。

④杨树枝诱杀甜菜夜蛾成虫。各代成虫盛发期用杨树枝扎把诱蛾，早晨翻开杨树枝进行捕杀。

4. 检疫措施 严禁调运病薯、病苗。发现受甘薯茎线虫病、甘薯根腐病、甘薯黑斑病、薯瘟、蚁象危害的病薯、病苗应立即处理，绝对不许栽植。

（七）适时收获，安全贮藏

1. 适时收获 根据气候条件，一般在10月下旬至11月初开始机械打蔓、机械破垄，人工捡拾收获，霜前结束，以防薯块受冻，确保丰产丰收。收获选晴天进行，留无病害、无破损的薯块作种薯，做到轻挖、轻装、轻卸，尽量减少薯块破伤，防止病菌从伤口感染，不利储藏。

2. 安全贮藏 储藏前，储藏窖清扫消毒，用点燃硫黄熏蒸或喷洒多菌灵的方法杀灭病菌，井底、井壁全部均匀喷洒。严格剔除带病、破伤、受水浸、受冻害的薯块，用多菌灵或甘薯保鲜剂浸蘸后储藏，储藏量占窖空间的2/3。储藏前期注意降温排湿，中期应注意通气、保温，保持窖温在10～15℃，湿度控制在85%～95%。

三、南方薯区绿色轻简化技术

（一）品种选择

根据市场的需求，目前南方薯区集中种植收购的品种有普薯32、广薯87、广紫薯1号、广薯111、广薯98等。

（二）培育壮苗

选择地势较高、地质疏松的土壤作苗床，土壤在育苗前进行耕翻，耙平整细。秋薯育苗时间：4月前后排种，5月底至6月中旬从育苗圃中剪苗进行二级假植扩繁，或在夏薯中直接剪苗栽插（本地种植户有这种习惯），在苗高20厘米时摘心打顶，适当追施速效氮肥，促分枝，培育嫩壮苗，为大田栽植作准备。冬薯在6月后开始育苗。

（三）整地起垄与施基肥

耕作土壤深度以25～30厘米为宜，精细耕作，机械起垄。垄距110厘米（包括垄沟）左右，垄高40厘米，每垄插植1行。整地起垄时每公顷施用磷肥300～450千克，以腐熟人粪尿、厩肥或堆肥等农家肥作基肥（约1 500千克），施用3.6%杀虫丹颗粒2.5千克，防治地下害虫；整地起垄后，可喷施除草剂金都尔，配合草甘膦控制田间杂草。

（四）田间种植

1. 选用顶端壮苗　采顶端第一段苗（约25厘米长，有6～8个节），剔除弱苗，保持薯苗新鲜。在栽插前可用抗菌剂50%的多菌灵可湿性粉剂1 000～2 000倍液，或用50%硫菌灵可湿性粉剂500～700倍液，浸苗基部10分钟，药液可以连续使用10次左右。

2.**栽插时间** 春植选择在3月底、4月初栽插；夏植选择在5月中旬至7月中旬进行；秋植选择在立秋前后种植，冬薯在收完晚稻后（立冬前后）栽插。最好选择在阴天下午栽插，提高成活率，在晴天和土壤干旱的条件下，要浇水护苗，保证成活率。目前一些种植专业户已采用滴灌抗旱措施。栽植前用50%多菌灵1 000倍液浸种苗剪口处10分钟。

3.**密度与栽插方式** 密度以每公顷栽插54 000～60 000株为宜。采用斜栽法和平栽法。栽插后浇透水。

（五）田间管理

1.**查苗补苗** 栽植后7天内查苗补苗，发现弱小苗和缺苗，尽早选用壮苗补栽，并浇透水护苗。

2.**中耕、除草和培土** 生长前期薯苗未封行前，进行第一次中耕松土，对坍塌的薯垄重新培土，既可松土透气，又可除草耐旱和防止虫害。生长中后期，随时根据气候、土壤和杂草生长情况，进行中耕除草，对塌落的垄土及裂缝培土复原。种植50天前后，可选晴天将垄两侧的泥土犁翻，距植株15厘米左右，注意不要伤及根系，施用有机肥或甘薯专用肥后，重新培土恢复原垄。晒土能促进根系发达、增产增收，且防止露薯和虫害，确保薯块品质优良。

3.**水分管理** 甘薯耗水量大，在生长各时期特别是在分枝结薯期，遇旱要及时灌跑马水，多雨季节要做好排水工作，防止烂薯，在收获前20～30天停止灌水，提高薯块品质。

4.**施肥** 植前施足基肥，追肥按照"前轻、中重、后补"的原则，栽后10天追施促苗肥尿素45～75千克/公顷。栽后50天，结合中耕培土追施促薯肥，以钾肥为主，追施尿素120～225千克/公顷和硫酸钾复合肥375～450千克/公顷。

（六）病虫害防治

甘薯生长期主要防治薯瘟病、蔓割病、茎螟、蛾类、蛴螬和象鼻虫等病虫害，主要防治方法：植前亩施毒死蜱3千克，结合培土根据虫害情况可追施一次；严格实行检疫制度，不从病虫害高发地区引进薯种，选用抗病虫品种，选留无病虫种薯培育壮苗；剪苗扩繁和大田栽插前，用50%多菌灵1 000倍液浸种苗伤口处10分钟；进行水旱轮作制度，备耕前和收获后，清洁田园，切断寄主；改良土壤，增施农家肥，预防土壤硬化；适时中耕培土，防止薯块外露，遇旱及时灌跑马水，适时收获。

（七）适时收获和储存

甘薯在栽插后120天以上就可开始机械打蔓、机械破垄，人工捡拾收获，春薯收获时间延迟1个月左右。一般秋薯在扦插后120～130天收获，冬薯在扦插后150天以后收获。可根据市场需求或加工原料的需要，待薯块长到适宜大小时分批收获上市，或收获储藏；应选晴朗天气收获，做到轻挖、轻拿、轻运和轻放，减少薯块损伤，以延长薯块的存储时间。

四、典型案例分析

（一）有机甘薯"轻简化栽培技术"典型案例分析

2010—2017年在四川省西充县和安岳县进行了"甘薯一季薯干产量超吨技术"和"甘薯薯干倍增技术"的示范推广。

1.示范内容

（1）优质食用型甘薯品种示范推广。筛选确立符合食用甘薯消费习惯和市场销售渠道、适宜当地土壤气候条件的优质食用型甘薯品种。

（2）优质高产有机甘薯轻简化栽培技术体系示范推广。该技术体系由"地膜培育壮苗、早栽合理密植、有机甘薯生产规程操作管理、机械起垄收获"为核心的优质高产有机甘薯绿色轻简化栽培技术等单项技术熟化集成。

2．核心技术

（1）种植优质食用甘薯品种。主栽品种为广薯87、香薯、普薯32、南紫薯008、烟薯25等。

（2）地膜培育壮苗、早栽。保温多育苗、育壮苗，5月20日之前高垄栽插，垄距90厘米，株距18～19厘米，密度54 000～60 000株/公顷。采用地膜覆盖栽培，栽插期可提前至4月底。

（3）有机甘薯生产规程操作管理。生产中禁止使用化学农药、化学肥料、化学除草剂，要求产品实现"健康、绿色、环保"。地块前作种植的豆科作物蚕豆，在甘薯垄侧套种绿豆，种植过程中未施用肥料，人工中耕除草2次，太阳能杀虫灯杀虫、保持田园清洁等措施进行病虫草害的防治。

（4）机械化起垄收获。

3．示范目标　通过优质食用甘薯品种广薯87、香薯、普薯32、南紫薯008、烟薯25等以及优质高产有机甘薯轻简化栽培技术体系的试验示范和大面积推广，带动大面积甘薯单产显著提高、品质明显改善、产品竞争力大幅度提升，示范区平均产量达到鲜薯30 000～37 500千克/公顷，纯收入达到60 000～75 000元/公顷。

4．示范典型案例

（1）西充县有机甘薯轻简化栽培技术高产示范典型。2016年在西充县中岭乡西充有机食品开发有限公司基地进行有机甘薯轻简化栽培技术高产示范。示范田面积达150亩，示范品种有广薯57、香薯、南紫薯008，5月26日栽插，密度69 000株/公顷。10月30日，由甘薯产业技术体系、南充市农业局、企业代表等专家组成的验收评价专家组进行了现场验收评价。10月28日25马力*拖拉机配4JHSM-90型甘薯秧蔓粉碎还田机藤蔓粉碎，10月30日现场4GS-600型单行甘薯收获机收获验收评价。结果：鲜薯折合亩产量2 798.18千克（随机取样5点，每点5行，长6

---

*　马力为非法定计量单位，1马力＝735.498 75瓦。——编者注

米、宽4.5米，面积27米²)，外观品质评分97.6分，商品薯率97.612%，食用品质评分97.6分（图15）。

图15　轻简化高产栽培技术现场测产验收

按照最低销售价4元/千克和10%的损耗（包括搬运过程中损伤、储藏损耗等）计算，每亩产值9 832.7元；扣除土地流转费300元/亩、薯苗成本800元/亩、肥料农药成本150元/亩、机械操作费220元/亩（耕地起垄120元/亩、机械打蔓收获100元/亩）、人工费240元/亩（剪苗栽插1个工、田间管理中耕除草3个工、收获人工捡运薯块2个工，共计6个工，每个工40元）后，亩纯收益8 122.7元/亩。

（2）安岳县高产示范典型基地。2017年在资阳市尤特薯品开发有限公司安岳县城北乡笕水村基地进行有机甘薯轻简化栽培技术高产示范。示范田面积达300亩，示范品种有普薯32、广薯87、香南紫薯008，6月20日栽插，密度52 500株/公顷。公司种植基地所生产的红薯，2014年10月已获得有机转换认证，"尤特"牌商标通过国家商标局注册，已成为四川省重点薯品品牌之一。公司始终坚持以生产高质量、高品质、安全可靠的产品为中心，严格按照国家绿色食品和有机食品的标准，制定生产技术规程，实行标准化作业，建立了一整套甘薯生产过程质量安全体系，健全了安全甘薯生产档案，强化对农业投入品的管控，确保产品质量安全和产品质量的可追溯性（图16）。

图16　安岳县高产示范典型基地

10月23日，第七届"天豫杯"全国甘薯高产高效竞赛验收评价专家组进行了现场验收评价，验收结果：鲜薯折合亩产量2 557.9千克（按要求取样5点，面积不小于25米^2），商品薯率91.86%，专家现场食用品质评分91.86分。

按照最低销售价3.5元/千克和10%的损耗（包括收获时的漏收、搬运过程中损伤、储藏损耗等）计算，每亩产值7 401.5元/亩；扣除土地流转费300元/亩、机械操作费120元/亩（耕地、起垄）、种苗费200元/亩、人工费300元/亩（剪苗栽插1个工、田间管理中耕除草2个工、收获人工捡运薯块3个工，共计6个工，每个工50元）后，亩纯收益6 481.5元/亩。

（二）"一水一膜"节水高效栽培模式

2016年4月，在河北品峰农业科技有限公司甘薯生产基地

（元氏县南佐镇）开展了"一水一膜"节水高效栽培模式的规模化示范，示范规模100亩，品种为冀紫薯2号，栽前10天造底墒，整地前一次性施入底肥（每公顷施硫酸钾300千克、磷酸二铵150千克、土杂肥45 000千克），旋耕起垄一体作业，栽后覆膜，行距85厘米，垄高30厘米，栽植密度52 500株/公顷；对照组选择本地主栽模式：品种冀紫薯2号，不造底墒，一次性施足底肥（每公顷施硫酸钾300千克、磷酸二铵150千克、土杂肥45 000千克），旋耕后起垄，行距50厘米，垄高20厘米，栽植密度37 500株/公顷。薯苗繁育及栽前预处理均采用相同的方式（图17）。

图17 "一水一膜"节水高效栽培模式现场测产

2016年10月15日，由国家甘薯产业体系专家组成测产专家组，在示范田随机选取5点，每点面积40米^2，经检测，示范田平均产量为2 749.8千克/亩，对照组平均产量2 226.3千克/亩，"一水一膜"模式比传统模式增产23.51%，经"禾下土杯"全国甘薯高产高效竞赛组委会评比，荣获一等奖。

（三）诱虫黑光灯绿色防控

江苏睢宁县梁集镇梁圩村佳利薯业公司为省级挂县强农帮扶单位，常年种植鲜食甘薯20公顷，带动当地周边农户种植

200公顷。当地土壤偏沙，适合甘薯生长，农民有丰富的种植经验。但甘薯遭受地下害虫蛴螬的危害严重，严重年份大部分甘薯失去商品价值。在2010—2012年收获期调查，100克以上甘薯的虫咬率在80%以上，造成农民丰产不丰收，严重影响了当地甘薯种植的积极性。2014年开始成为徐州甘薯中心重点帮扶单位，作为绿色甘薯生产示范点。针对害虫情况，资助20台黑光灯进行绿色防控，当年捕捉金龟子与夜蛾的效果显著，高峰期每天每台灯捕捉金龟子500只以上，当年虫咬率直线下降，低于10%，且全生育期没有发生严重夜蛾食叶情况，第二年再次使用，金龟子捕捉数量明显减少，高峰期每天不足100只，当地虫口密度大幅度下降，经过3～4年的连续使用，公司地块及周边基本上消除了蛴螬危害，可全程不用杀虫剂（图18）。

图18　风机式诱虫灯

（四）四川省西充有机食品开发有限公司有机甘薯种植

四川省西充县高新有机食品开发有限公司位于四川省西充县晋城镇，在西充县金山乡、常林乡、中岭乡成片租赁承包农户土地1 060亩，从事有机甘薯、绿豆、蚕豆、黑花生等作物的种植与经营，2013年开始在基地示范种植优质食用甘薯品种广薯87，由于其商品性极佳，深受市场和消费者的喜爱，销售价在4～8元/千克，2016年种植了150亩，目前大部分已经进行订单销售。

主要绿色轻简化技术如下。

（1）培育壮苗，合理密植。2月27日排种地膜覆盖育苗，培育壮苗。大田栽插种植密度为69 000株/公顷（垄距90厘米，株距16厘米），采用斜插、船形栽插方式单行进行栽插，要求入土节数至少3个，增加结薯数来控制薯块大小，避免薯块生长过大，保证商品薯率90%以上，并且重量为50～200克的薯块占比大。

（2）严格按有机甘薯生产规程操作管理。在生产中禁止使用化学农药、化学肥料、化学除草剂，要求产品实现"健康、绿色、环保"。地块前作种植的豆科作物蚕豆，在甘薯垄侧套种绿豆，种植过程中未施用肥料，人工中耕除草2次，太阳能诱杀虫灯、保持田园清洁等措施进行病虫草害的防治。且实行了隔年轮作种植甘薯，保证了薯块颜色鲜艳、薯皮光滑、薯形美观，没有任何病虫危害，市场销售品质佳。

（3）基本实现了甘薯种植的全程机械化。除了栽插，包括绿肥还田、翻耕平整、25马力拖拉机配4QL-1甘薯起垄、配4JHSM-90型甘薯秧蔓粉碎还田机藤蔓粉碎、配4GS-600型单行甘薯收获机收获，均采用机械化，大大节约了劳动力，降低了成本，提高了种植效益。

（李育明　张海燕　等）

主要参考文献

张鸿兴，解红娥，武宗信，等，2020. 甘薯绿色高产高效栽培技术研究[J]. 山西农经(2)：86-90.

第四章

菜用甘薯绿色轻简化栽培技术

甘薯茎尖是一种新型高档蔬菜，具有显著的食疗保健功能，是具有较大开发前途的保健菜。美国将其列为"航天食品"，日本和我国台湾称其为"长寿食品"，我国香港则称其为"蔬菜皇后"。甘薯茎叶中含有丰富的蛋白质、胡萝卜素、维生素及钙、磷、铁等营养成分，近年来甘薯科研工作者针对菜用甘薯进行了大量研究，摸清了菜用甘薯的生长发育规律，提出了菜用甘薯露地栽培和保护地栽培的轻简化栽培技术及采摘储存技术，为菜用甘薯的产业化提供了理论依据和技术支撑。

一、菜用甘薯生长发育规律

（一）菜用甘薯对土壤及环境的要求

种植过程中一般选择土地肥沃、灌排方便、交通运输方便的城郊地块种植。

菜用甘薯喜温暖潮湿气候，不耐霜，对温度、水分和光照要求较高，灌水要少量多次，有条件的可采用喷灌，保持土壤湿度80%~90%。温度高于15℃时才开始生长，18℃以上才可正常生长，在18~36℃范围内温度越高生长越快，在15℃以下茎叶生长缓慢，且易老化，生长明显受阻，霜冻会冻伤植株地上部或导致全株死亡。但高于36℃、光照过强易使茎叶纤维含量增加，高温强光下应采取遮阴降温。

（二）菜用甘薯生长周期

菜用甘薯生长期较长，露地从4月上旬至10月下旬霜降之前，均可采摘。大棚栽培，生长时间可以提早至3月上旬，维持至11月初。

（三）菜用甘薯生长发育规律

顶部腋芽分枝具有明显的生长优势，基部腋芽生长缓慢，处于被抑制或休眠状态。当上部分枝采摘后，下部分枝生长速度加快，生长优势相继转移。调查发现，菜用甘薯在栽后1～2个月，可形成丛生状株型，植株进入茎尖高产期。这时，中上部三级分枝有萎缩现象，尤其是植株上部三级分枝生长停滞，部分发黄、萎缩。而薯苗栽插时埋入土中的第3节长出的分枝，中后期生长旺盛，产量超过中上部分枝。因此，生产上应及时剪掉上部枝，避免上部枝的过旺生长影响中下部叶片的光照与通气性，导致菜用甘薯品质下降。

二、菜用甘薯露地栽培技术

（一）适宜地区和栽插季节

菜用甘薯主要种植在空气湿度大的长江中下游地区及长江以南地区。栽插季节一般选择在气温稳定达到13℃以上的春季。

（二）栽培技术要点

1.种苗繁育 菜用甘薯可以通过冬季大棚内老苗越冬留种，春季待老苗新长出的分枝有7～8片叶时，便可剪苗移栽。也可以利用种薯育苗，但一般菜用甘薯结薯习性差，要特别注意品种间的差别。

2.品种选择　选择高产优质、适应性广、抗病性好的菜用甘薯专用品种。目前品质相对较好的品种主要有福薯18、鄂菜薯1号、鄂菜薯2号、鄂薯10号、宁菜薯3号、薯绿1号、菜薯2号，广菜薯3号、浙菜薯726等。

3.选用壮苗，合理密植　每年4～8月均可栽插，选用茎蔓粗壮、老嫩适度、节间较短、叶片肥厚、无气生根、无病虫害、带心叶的顶端苗，播后发根快，且生长适温期较长，有利于茎叶充分生长和产量提高。栽后1周左右，及时查补苗，保证全苗和均匀生长。有利于菜薯茎叶充分生长和产量提高。菜用型甘薯为蔬菜专用薯，一般栽植密度以12万～15万株/公顷为宜，以平畦种植为好。

4.秧苗处理　菜用甘薯定植时，穴施富含放线菌及木霉菌的生物菌肥，对土传性和细菌性病害预防效果明显。防治蔓割病用70%甲基硫菌灵可湿性粉剂800～1 000倍液、50%福美双可湿性粉剂400～500倍液交替喷雾，重点喷菜用甘薯苗的根茎部。用80%有机铜可湿性粉剂600～800倍液、可杀得2 000（氢氧化铜）可湿性粉剂1 000～1 500倍液防治薯瘟病的发生及危害。防治甘薯病毒病，一定要及时防治刺吸式口器害虫，如蚜虫、温室白粉虱、茶黄螨等的危害，用25%吡虫啉、10%苦参碱水剂1 000～1 200倍液喷雾防治蚜虫、温室白粉虱，用2%阿维菌素乳油2 000倍液防治茶黄螨。菜用甘薯在定植前和定植缓苗后用5%菌毒清可湿性粉剂500倍液、7.5%克毒灵水剂600倍液，隔7～10天用1次，连用3次。

5.及时打顶　采用摘心技术，促进分枝发生，通过摘心，能有效控制蔓长，促进分枝发生，并使株形疏散。具体做法为，在薯苗移栽成活后15天左右，摘去植株顶心，促进地上部第三节发芽分枝，待芽长出第三叶时，进行第二次摘心，促生9个分枝。待每个分枝茎尖长到12厘米左右时，便可分批采摘，每蔓留1～2节，以促生新分枝，摘心后浇足水，促进快发。

6.科学施肥，促进早发快长 选择肥力较好、排灌方便、富含有机质的土壤，基肥以有机肥（人粪尿、厩肥或堆肥）为主，配合适量化肥。追肥应以人粪尿为主，适当偏施氮肥，以促进茎叶生长，尽快进入生长高峰。菜用型甘薯生长前期植株小，对肥料需求少，宜在栽后7～10天用稀薄人粪尿1 000千克/公顷浇施；栽后20～30天，结合中耕除草，每公顷分别用1 500千克稀薄人粪尿＋150千克尿素＋30千克氯化钾浇施；采摘后及时补肥，以75千克/公顷尿素和稀释2～3倍的人粪尿15 000千克/公顷浇施，以促进分枝和新叶生长。

7.及时补水 采取小水勤浇的措施进行频繁补水，有条件的可采用喷灌，保持土壤湿度在80%～90%。水分充足，在18～30℃范围内温度越高茎叶生长越快。

8.中耕除草 栽插后15天至封垄前，一般进行1～2次中耕培土，中耕深度一般第一次宜深，以后深度渐浅，畦面宜浅，沟宜深，畦面要锄松实土，即所谓"上浅沟深脚破土"。在生长期间，要及时拔除杂草和进行病虫害防治。如遇干旱，则要灌水耐旱。

9.适时采摘 菜用型甘薯栽后25天左右开始封行，已有10～12片舒展叶的嫩梢，就可以开始采摘，以后产量逐渐上升，茎叶菜用型甘薯的幼嫩茎组织柔嫩，茎尖生长主要在夜间，采摘宜在早晨日出前进行，此时茎尖收获较脆嫩，同时还应根据蔬菜市场供求情况分期分批采收，以调整价格和保证长期供应，尽量缩短和简化产品运输流通时间和环节。每次茎尖采摘后应应加强田间管理，采摘当天不宜马上浇水施肥，以利植株伤口愈合及防止病菌从伤口侵染植株。

10.冬季保苗 由于菜用薯主要食用薯尖部分，地下部块根逐渐退化，膨大部分少，因此，在秋后冬初霜降之前，必须将菜用薯的薯苗进行保存繁殖用于第二年春季的扦插种植。在霜降之前，选用茎蔓粗壮、无病虫害、带心叶的顶端苗，移栽到塑料大棚里，按照菜用薯栽培的方法和密度进行栽植，为了让薯苗过冬，可以在大拱棚里面搭建小拱棚，对菜用薯进行双层膜保护。

三、菜用甘薯大棚栽培技术

（一）适宜地区和栽插季节

为了提前上市，在薯苗充足的前提下，可以采用大棚栽培方式，越冬反季节菜用甘薯的定植时间宜在10月10日前，即当地霜降前；早春定植时间可以提前到3月下旬或4月上旬。

（二）保护地栽培技术要点

1. 种苗繁育　一般菜用甘薯的地下部分不膨大，或大多生长成柴根或梗根。因此菜用甘薯可以通过冬季大棚内老苗越冬留种，春季待老苗新长出的分枝有7～8片叶时，便可剪苗移栽。冬季温室大棚的菜用甘薯薯苗也可以直接从露地大田直接剪苗移栽到温室大棚内。

2. 选用壮苗，合理密植　菜用甘薯的保护地栽培在全年均可进行栽插，选用茎蔓粗壮、老嫩适度、节间较短、叶片肥厚、无气生根、无病虫害、带心叶的顶端苗，播后发根快，且生长适温期较长，有利于茎叶充分生长和产量提高。栽后1周左右，及时查补苗，保证全苗和均匀生长。有利于菜薯茎叶充分生长和产量提高。菜用型甘薯为蔬菜专用薯，一般栽植密度以12万～15万株/公顷为宜，以平畦种植为好。

3. 田间管理　菜用甘薯保护地栽培田间管理最重要的环节就是根据天气情况要及时注意通风和保温。气温高的时候，要及时通风散热；气温低的时候，要及时保温增暖。菜用甘薯定植之后，待薯苗开始出现分枝时，要及时进行打顶修枝。摘心促进腋芽形成侧枝，以后每次采摘时要在枝条茎部留2个左右的节间，以保证再生新芽采摘，同时还要对母茎进行修枝，去掉底部老茎滋生的畸形小芽，保证群体的通风透光和营养的集中供给。采摘完叶片的长蔓应及时修剪，保留离基部10厘米以内且长度在20厘米以内的分枝，掌握"留一、保二、不超三"的修剪原则，即留一个主蔓，保二个有效分枝，分枝长度不超过3厘米。隔天待刀口稍干后及时补肥，以保证养分供应，促进分枝及新叶生长。

4. 棚内环境控制 棚内的光照强度一般仅为露地自然条件下的60%～70%，严重不足的光照会造成枝叶虚旺生长，光合强度降低影响薯尖质量。因此，要注意控制棚高，一般掌握棚脊不高于3米，棚肩控制在1.2～1.5米。棚内温度调控：菜用甘薯对低温极其敏感，温度过低会严重影响其生长。一般要求白天温度控制在15～28℃，夜间不低于12℃。棚内温度的调控，夜间主要靠加盖草苫或棚被保温，白天打开气窗通风降温。提高扣棚后地温：扣棚后往往会出现地温与气温不能同时升高的问题，通常是地温较低。地温低常造成萌芽迟缓、不整齐、叶片变黑等后果。棚内空气湿度调控：棚内空气湿度控制在80%～90%时，菜用甘薯茎尖的口感比较好。棚内空气湿度调控措施有通风换气、控制灌溉等。

5. 增施二氧化碳气肥

（1）二氧化碳气肥对大棚作物的好处。提高植物的光合作用，激发作物生长潜能，迅速提高植物营养吸收率2.7倍以上，大大提高作物的增产效果。二氧化碳施肥用于苗期，可促进幼苗苗壮成长，缩短育苗期，增加茎叶重。使作物的抗寒抗病能力大大提高，减少了打药次数，降低了农药残留，还能使棚室温度升高1.0～1.5℃等。

（2）二氧化碳气肥施用方法。通常可采用化学方法和生物方法来生成二氧化碳，或施用二氧化碳肥料。商品二氧化碳肥料主要有三种形态。

①固态肥料。可以是干冰（固态二氧化碳）或颗粒剂，干冰在常温下即变成二氧化碳气体供作物吸收利用。特别要注意，使用时人不能直接与干冰接触，以防受到低温伤害；颗粒剂可直接撒于地面或埋入土中，吸水后产生二氧化碳气体，每亩用量约40千克，可在40天内连续释放。

②液态肥料。使用时将装有液态二氧化碳的钢瓶置于保护地内，通过减压阀把二氧化碳气体用塑料软管输送到作物能充分利用的部位。软管上每隔3毫米打一个孔，离钢瓶由近至远，孔径逐渐加大。钢瓶出口压力为1～1.2千克/厘米^2，每天释放6～12分钟。

③气态肥料。双微二氧化碳气体是一种生物制品，其颗粒中含有大量微生物，通过发酵产生二氧化碳。每平方米穴施1粒，深度约3厘米，每亩施用量不少于6.7千克。要求土壤保持适宜的湿度和温度，一次使用可连续释放30多天。此外也可以采用简易的化学方法、有机物燃烧法和秸秆生物反应堆技术。化学方法主要是用稀硫酸与碳酸氢铵作用生成二氧化碳，要注意按化学安全操作的要求，先将硫酸慢慢加入水中；生物反应堆技术是在温室内四周或定植行下面开沟，铺上秸秆并加拌发酵复合菌剂后掩埋，利用有机物分解释放的二氧化碳作肥料。

6. **适时采摘**　保护地栽培的菜用型甘薯栽后20天左右开始封行，已有10～12片舒展叶的嫩梢，就可以开始少量采摘，以后产量逐渐上升，茎叶菜用型甘薯的幼嫩茎组织柔嫩，茎尖生长主要在夜间，采摘宜在早晨日出前进行，此时茎尖较脆嫩，同时还应根据蔬菜市场供求情况分期分批采收，以调整价格和保证长期供应，尽量缩短和简化产品运输流通时间和环节。

7. **更换新苗**　经过一年的生长，菜用甘薯的老苗生长缓慢。

为了能够安然越冬，在每年的11月底至12月初，对温室大棚的老苗子进行更换。将藤蔓剪下，对温室大棚的苗子重新进行移栽，保苗，过冬。

四、菜用甘薯采摘储存技术

（一）菜用甘薯采摘技术

1. 时间要求　菜用甘薯采摘期长，一般从定植后25～30天、有10多片舒展叶时即可采摘，每次采摘后要在枝条茎部留2～3个节间，以利再生新芽。根据市场的要求、气候情况和植株自身生长状况分期分批采收。为保证茎尖的脆嫩度，采收时要注意长度适宜、茎尖能够折断，否则纤维化严重，口感粗糙。一般情况下，新的茎尖长出10厘米左右即可采摘。每次采摘时，底部要保留至少2个腋芽，以便再生侧枝茎尖。采收后要加强肥水管理，促进再生。由于不断采摘嫩梢消耗较多土壤养分，需及时追肥，为茎尖生长提供肥料。此外，还需要勤灌水，保持土壤的湿度，促进茎尖的生长。

据研究表明，在早晨太阳照射之前采摘口感较好。一般宜控制在上午10时之前采摘。露地一般10月下旬气温逐渐降低，要停止采摘，移栽种苗，准备越冬。大棚栽培可以适当延期。

2. 采摘方式　采收时要使用剪刀或专用采收器，保持切面整齐，避免用手采摘，防止切面感染。茎尖采收要适时、适度、科学、合理。目前手工采摘依旧是菜用甘薯的普遍采摘方法，主要包括挑选、掐断和捆扎几个步骤。目前挑选和捆扎由手工操作完成，在掐断薯尖的环节上经历了几个发展阶段，最初薯尖依靠手指掐断，缺点是效率低，手指往往只能掐断茎段幼嫩的组织，达不到商品用薯尖的长度，后改用剪刀剪，虽然较手指掐断有所改进，但是效率并没有显著提高，而且长时间使用剪刀还会造成操作人员手指磨损等问题。

湖北省农业科学院粮食作物研究所发明了一种菜用薯快速采摘装置（专利号：ZL201521067572.8），该发明包括固定环、采摘环和连接杆，并在采摘环的外缘设置有刃口，在使用时套在手指上，保证了操作人员手指不受伤，同时刃口可以很方便地切断薯尖。该发明使用方便、省时省力、采摘效率高，并且采摘品相好。

采摘是菜用甘薯生产过程中的主要环节，选择快速高效的采摘方式是控制成本、提高效益的关键。但目前国内还没有合适的机械开展机械化生产。

（二）菜用甘薯储存技术

菜用甘薯具有叶表面积大、含水量高、组织脆嫩等特点，采后水分蒸发快，易受机械损伤，呼吸作用旺盛，产生大量呼吸热，故易发生黄化和腐烂而难以储存保鲜，是生鲜农产品中最难保鲜的一类产品，提高其储存保鲜期及避免在旺季由于储存保鲜不当而大量腐烂，是菜用甘薯生产中需要解决的重要问题。

1. 影响叶菜采后储存期的主要因素

（1）温度。温度是影响叶菜储存质量的重要因素，温度升高，其呼吸作用、蒸腾作用、物质降解过程、乙烯合成及叶菜对乙烯敏感性增强，并可加速呼吸高峰的到来，温度过高也会引起叶片发黄、叶绿素降解及细胞膜衰老进程的加快。通常在适宜温度范围内，温度每上升10℃，叶菜衰败率加快2～3倍，并可加速生理劣变的产生及由病菌引起的腐烂作用，适宜的低温可以减缓或推迟叶菜完熟衰老进程，延长保鲜期。

（2）湿度。湿度也是影响叶菜采后失水的重要因素，因此，储存时需注意储存环境，保持适宜湿度，或用包装袋包装，以维持其一定的高湿环境，减少蒸腾失水，保持较高鲜度。菜用甘薯储存环境较适宜的相对湿度为95%～100%。

（3）气体成分。目前研究认为影响叶菜采后储存寿命的主要气体为氧气、二氧化碳和乙烯。氧气和二氧化碳通过影响叶菜的呼吸代谢来影响其储存寿命。一般在储存过程中二氧化碳浓度超过10%～15%就会引起伤害，缩短其储存寿命。乙烯会加速叶菜的完熟衰老进程，刺激呼吸作用，使叶色变黄，促使叶片脱落，加速组织纤维化，甚至引起生理障碍。

（4）机械损伤与微生物侵染。在采收、分级、包装、运输和储存过程中叶菜常常会受到挤压、震动、碰撞、摩擦等机械损伤。机械损伤可启动膜脂过氧化进程，提高衰老基因的表达，是导致叶菜衰老的主要诱导因素。同时机械伤破坏了正常细胞中酶与底物的空间分隔，扩大了与空气的接触面，为微生物的侵染创造了条件，加速了产品的衰败。

2. 菜用甘薯采后的保鲜贮存

（1）低温储存。菜用甘薯采摘后应尽快食用，如需储存，主要采用低温保鲜技术。温度是果蔬采后储藏保鲜的关键，低温储藏条件下各种营养成分（维生素C、蔗糖、蛋白质、氨基酸、粗纤维等）含量下降较慢。低温储藏条件下菜用甘薯保鲜效果较好，低温能降低菜用甘薯生理代谢速度、减少物质消耗、延缓组织衰败、保持菜用甘薯叶片的风味和营养。低温处理可较好地减缓营养物质的损失，有效地延缓菜用甘薯的衰老，一定程度地延长菜用甘薯的储存期。尽量缩短储存时间，以保证菜用甘薯叶片的营养及卫生品质。临时储藏时，一般将捆扎成把的菜用甘薯竖放在塑料周转筐中，堆放在4～8℃冷库中，等待销售，保存期不宜超过4天。大批量运输采用专用塑料周转筐，采用专用冷藏车辆运输，及时批发销售。

（2）喷水增湿。菜用甘薯收获后，如温度较高，应采取一定的降温措施后再进入4～8℃的高温库。特别注意，必须待薯尖的温度达到储存库内的温度后，才能施水增湿。

（杨新笋　王连军　雷剑　等）

主要参考文献

张鸿兴，解红娥，武宗信，等，2020. 甘薯绿色高产高效栽培技术研究[J].
　　山西农经 (2)：86-90.

第五章
甘薯生产种植机械

甘薯田间生产环节较多，涉及育苗、耕整、栽插、管理、收获等多种农机装备，农机农艺相结合，科学地选择甘薯种植机械、机械化作业模式、配套动力等，对甘薯机械化生产发展具有重要意义。

一、主要生产种植机械类型

（一）甘薯生产种植机械概况

甘薯是劳动密集型土下作物，其田间生产机械主要包括排种、耕整、起垄、剪苗、移栽、田间管理（灌溉、中耕、施药等）、收获（割蔓、挖掘、捡拾、清选、收集）等作业机具，其中耕整、施药等机具可以是常用的农业机械，而育苗环节只有美国等极少数国家使用种薯排种装备，我国还没有该机具，其他作业环节则需针对甘薯特点采用改进机型或专用机型。甘薯生产中移栽、收获是两个最为重要的作业环节，其用工量占生产全过程的65%左右，其对应机具也是非常重要的。

甘薯生产机械按照与动力的联接方式可分为悬挂式、牵引式、自走式等，根据配套动力大小可分为微型、小型、中型、大型。

（二）做垄机械

起垄前一般需要进行耕整地作业，如冬闲田、未耕地或麦茬地等种植甘薯，如果秸秆较多，可先用普通的秸秆粉碎还田机碎秸还田，然后用铧式犁翻地，用旋耕机旋地至基本平整，施肥、施药等可采用通用的作业机械。几种通用的耕整地机械如图19至图21所示。

图19　秸秆粉碎还田机　　　　图20　深耕翻转犁

图21　旋耕机

目前，国内甘薯起垄机主要有单一功能作业机和复式作业机，其中复式作业机可一次性完成旋耕、起垄、施肥、镇压、覆膜等作业，或能完成上述几个功能的组合。垄形有半圆形垄、梯形垄等。起垄机垄距选择对后续生产作业至关重要，要能实现全程配套。其主要类型如图22至图27所示。

图22　微型起垄机　　　　　　图23　手扶配套起垄机

图24　四轮配犁式起垄施肥机　　图25　两垄旋耕起垄机

图26　旋耕起垄敷管覆膜机　　图27　旋耕起垄覆膜机

（三）栽插机械

目前国内甘薯移栽以高剪苗（或拔苗）等裸苗栽插为主，少数地区开展的钵体苗移栽尚在试验和小面积推广示范中。当前国内的移栽机具多以链夹式半自动移栽机、简易移栽器为主，而用于剪苗的采苗机尚在试验当中（图28）。

图28 链夹式单行载水式甘薯移栽机

1. 链夹式载水移栽机 国家甘薯产业技术体系与南通富来威农业装备有限公司合作研发出2ZL-1型链夹式移栽样机，可单垄或多垄作业，在起好的垄上可一次完成开沟放苗、镇压浇水等工作，可用于秸秆地作业，该机针对不同作业环境有两种机型，即窄圆盘垄上取功镇压一体型（适宜黏重土壤区、中大垄距作业，价格较低）和垄沟取功垄上镇压分体型（适宜沙壤土区、中小垄距作业，价格略高）。

2. 膜上载水栽插机 山西农业大学棉花研究所与运城市农业机械化科学研究所合作研发了由大马力拖拉机牵引的可一次完成打孔、浇水、人工乘坐栽插等作业的甘薯简易移栽机，采用人工分苗、手工直接栽插到垄中，后续由人工铲土覆盖，可实现膜上栽插作业，一次一垄（图29）。

图29 载水式甘薯膜上移栽机

3. **旋耕起垄复式移栽机** 2CGF-2型甘薯旋耕起垄移栽复式机为国家现代农业甘薯产业技术体系研发成果，现在南通富来威农业装备有限公司生产，填补了国内技术空白，突破了传统甘薯机械移栽先旋耕整地起好垄、然后再由拖拉机牵引移栽机进垄地栽插作业的习惯，在初步旋好的田地上，可一次完成两行旋耕、起垄、破压茬、栽插、修垄等作业，有效解决了拖拉机与种植垄距匹配性差、下田作业次数多、压垄伤垄、二次修垄等难题。该机适合平原坝区或丘陵缓坡地多种土壤的栽插作业。以此机型为基础衍生形成了单行、三行等系列产品（图30）。

图30　2CGF型系列甘薯移栽复式作业机

（四）田间管理机械

甘薯栽后生长至封垄前，可采用中耕松土除草作业，中耕时配套的拖拉机轮距要与垄距适配，否则压垄伤垄严重，影响甘薯后期生长。

3ZX型中耕除草培土机，前端将垄沟旋耕深5厘米，后端垄沟由培土犁将土壤覆盖至垄侧，达到松土、培土、去草、掩草的效果。其单行机与25～40马力、后轮距为90厘米的中型拖拉机配套，其两行机与90马力、后轮距为170～180厘米的大型拖拉机配套（图31、图32）。

图31 单垄深松中耕机　　图32 双垄深松中耕机

（五）收获机械

1. 去蔓作业机械 甘薯生长藤蔓茂盛，挖掘收获前必须去除其藤蔓，目前机械去蔓仍以藤蔓粉碎直接还田为主，选择碎蔓机时应考虑垄形尺寸，否则效果较差。根据配套形式，可将碎蔓机分为自走式、悬挂式。

（1）步行型小型甘薯秧蔓粉碎还田机。该机适用于丘陵坡地、育种小区等小田块起垄、碎蔓作业，具有重量轻、体积小、操作方便等特点（图33）。其采用模块化设计，以碎蔓作业为主，采用微型动力底盘，其配套动力12马力左右，适宜垄距为80～90厘米。

图33 步行型小型甘薯秧蔓粉碎还田机

（2）中大马力配套的碎蔓还田机。单垄机可与25～40马力拖拉机配套，一次两垄的作业机可与90～100马力拖拉机配套，将藤蔓直接粉碎还田，便于后端收获作业（图34、图35）。

2. 挖掘收获作业机械 甘薯机械收获主要分为分段收获和

图34　单垄藤蔓粉碎还田机　　　　图35　两垄藤蔓粉碎还田机

联合收获两种主要形式。联合收获是由一台机器在田间一次完成去蔓、挖掘、清土、清选、集薯（吨袋、集装箱或配套运输车）等全部作业的收获方法。分段收获是由多种设备分别完成去蔓、挖掘、清土、捡拾、清选、集薯等作业的方法，其中还包括一种两段式收获法，即由两种机具分别完成去蔓和挖掘、清选、集薯（吨袋、集装箱或配套运输车）作业的方法。

（1）犁式挖掘收获机。在小田块或育种小区或土壤较黏的区域，可采用手扶拖拉机配套的挖掘犁将薯块翻出来，亦可采用中小马力拖拉机配套的挖掘犁将薯块从垄中翻出，然后人工捡拾（图36至图38）。

图36　单垄收获机

图37　手扶式挖掘机　　　　　图38　微耕型挖掘机

（2）杆条升运链收获机。这是较为常用的薯类收获机，一般以杆条输送链为主要工作部件，可实现挖掘、输送、清土、铺放等作业，适合沙壤土、壤土等作业，黏土的适应性较差。根据配套动力不同，可分为手扶拖拉机驱动的和四轮拖拉机驱动的，有收获单垄的，也有一次收获多垄的（图39至图42）。

图39　手扶式收获机　　　　图40　单行升运链收获机

图41　1500型双行收获机

图42　双行等宽升运链收获机

二、甘薯生产机械选型匹配要点

农机农艺配合差、耕种收机具及其动力不匹配则是制约甘薯生产机械化发展的因素之一，生产中甘薯作业机具选型要点如下：

（一）拖拉机轮距与垄距匹配要点

不同马力拖拉机对应着不同的轮距，国产拖拉机轮距大多采用有级调节，轮胎调换安装方向，即可产生两个轮距，一般出厂设置为最小轮距（图43）。此外，因拖拉机后轮比前轮宽，且前轮的印迹能被后轮完全覆盖，故生产中多以后轮距为主要参考值。

图43　拖拉机后轮轮距

由于起垄、中耕、移栽、碎蔓、挖掘收获等环节所需动力有异，且作业要求不同：起垄时拖拉机在前，垄的形成在后，所以拖拉机的轮距一般略小于形成的垄距即可，而中耕、移栽、碎蔓、挖掘收获等环节是在垄已形成后，入垄作业，拖拉机必须行走在垄沟中，轮距和垄距比较接近时方能较好作业，否则压垄、伤秧、伤薯。综合上述因素可知，动力上能满足作业要求的拖拉机，并不一定就符合垄距的要求，故必须对动力、轮距和种植垄距进行合理配套，否则将严重影响作业质量，导致全程配套作业难以实现。

（二）不同土壤收获机械选择要点

不同土壤类型中，薯块和土壤分离特点不同，因此对收获机械的选择也不同，黏土壤区可采用挖掘收获犁破垄挖掘，如土壤含水量适宜，亦可采用升运链式收获机收获；沙壤土、沙浆黑土区可采用升运链式收获机或联合收获机收获，效率高、薯土分离质量好。

（三）宜机化生产的配套作业模式

为解决农机农艺不匹配问题，从起垄、中耕、移栽、碎蔓、挖掘、收获等环节入手，以经济适用为原则，并结合各地自然条件和拖拉机保存使用情况，提出了6种机械作业模式，如单行起垄单垄收获作业模式、双行起垄单垄收获作业模式、两行起垄两垄收获作业模式、三行起垄两垄收获作业模式、宽垄单行起垄双行栽插收获作业模式、大垄双行起垄收获作业模式，具体要求如下：

1. **单行起垄单垄收获作业模式** 该模式采用一台拖拉机可完成单行单垄耕种收的全部作业，具有经济性较高、配套简单、适应性广、投入不高等优势，适宜多数地区中小田块作业，但针对大田块而言，则具有作业效率不高的缺陷。该模式适合中小型四轮拖拉机作业，在丘陵小块地亦可使用手扶拖拉机或微耕机作业（图44）。

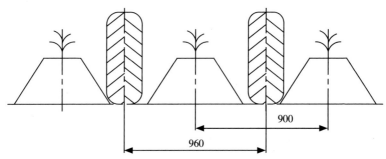

图44 单行起垄单垄收获作业模式（单位：毫米）

该模式较适宜的垄距为900毫米、1 000毫米；可配套黄海金马254A、东方红280、黄海金马304A、山拖TS400Ⅲ等中小型拖拉机，其后轮距为960 ～ 1 050毫米；可配套手扶拖拉机如桂花151、东风151等，其轮距为800毫米左右。

2.双行起垄单行收获作业模式 该模式针对不少种植户已拥有大中型拖拉机（50马力以上）的现状，以减少投入、尽可能提高作业效率为目的，其起垄作业采用已拥有的大中型动力的拖拉机，而后续的移栽、中耕、碎蔓、收获则采用较小动力的拖拉机。

该模式较适宜垄距为900毫米、1 000毫米；其采用50、554、604、704等型号拖拉机起垄，后轮距为1 350 ～ 1 450毫米；而移栽、中耕、碎蔓、收获环节则采用黄海金马254A、东方红280、黄海金马304A、山拖TS400Ⅲ等中小型拖拉机单垄作业，轮距为960 ～ 1 050毫米（图45）。

3.两行起垄两垄收获作业模式 该模式易于实现耕种收作业机具的配套，可采用一台大马力拖拉机完成作业，具有作业效率相对比较高、易于被大型种植户接受、便于推广等特点（图46）。

该模式较适宜垄距为900毫米、1 000毫米；可采用804、854、90、904、100、1004等型号拖拉机一次起两垄，而后续的移栽、中耕、碎蔓、收获环节仍采用该机一次两垄完成作业，该型拖拉机的轮距一般为1 600 ～ 1 800毫米。

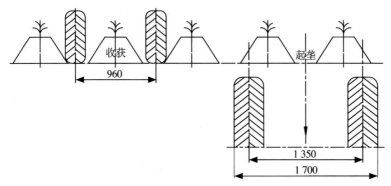

图45　双行起垄单行收获作业模式（单位：毫米）

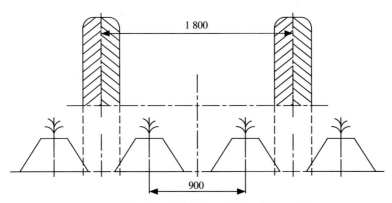

图46　两行起垄两垄收获作业模式（单位：毫米）

4.三行起垄两垄收获作业模式　该模式针对平原坝区或丘陵缓坡地大面积种植区，可采用一台大马力拖拉机完成耕种收全程作业，起垄作业时一次起三垄，而后续的移栽、中耕、碎蔓、收获等则一次完成两垄作业，主要是为提高起垄作业效率，但如起垄操作不当，也存在着后续作业对行性差的问题（图47）。

该模式较适宜的垄距为800毫米、900毫米（旋耕起垄机配套旋耕机可为230或250型），起垄时一次三垄，其他作业则一次两垄；配套采用804、854、90、904、100、1004等型大马力拖拉机，轮距一般为1 600 ～ 1 800毫米。

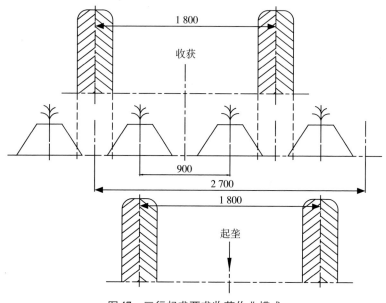

图47 三行起垄两垄收获作业模式

5. 宽垄单行起垄双行栽插收获作业模式 该模式是在一条大垄上交错栽插双行，可为干旱缺水地区在两行间铺设一条滴灌带提供便利，经济性较好。此外，采用适宜的拖拉机也可完成全程配套作业（图48）。

该模式较适宜的垄距为1 400毫米（配套的旋耕起垄机幅宽约为2 800毫米，可一次完成两垄作业），收获时采用1 200毫米作业幅宽的挖掘收获机一垄一垄收获。该模式可配套754、804型拖拉机，轮距一般为1 400毫米左右。该种作业方式目前在新疆干旱缺水地区有应用。

6. 大垄双行起垄收获作业模式 该模式是由徐州甘薯研发中心研究提出的，其适宜的垄距为1 500 ～ 1 600毫米，可配套

754、80、804、90、904等拖拉机实现起垄、中耕、收获等全程作业，但相关机具需与该模式配套，适宜平原地作业，拖拉机轮距一般为1 500 ~ 1 600毫米（图49）。

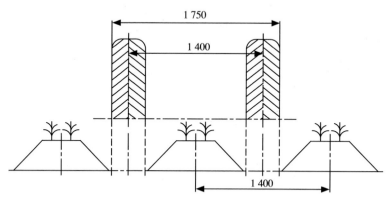

图48　宽垄单行起垄双行栽插收获作业模式（单位：毫米）

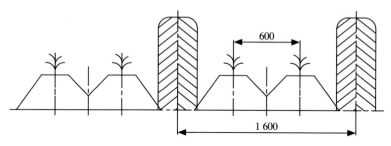

图49　大垄双行起垄收获作业模式（单位：毫米）

三、国内主要甘薯生产机械企业

国内专门从事甘薯机械制造销售的农机企业较少，大多生产经营多种装备，甘薯生产机械是其中之一，推荐几家主要的甘薯机械生产企业，供大家参考：

序号	相关产品生产单位	甘薯机具
1	南通富来威农业装备有限公司	移栽、起垄、碎蔓、收获等机具
2	青岛洪珠农业机械有限公司	中、大型收获机
3	河南郑州山河机械厂	与中、大型拖拉机配套起垄、碎蔓、收获等机具
4	滕州市金曙王绿色食品有限公司	与中、小型拖拉机配套起垄、碎蔓、收获等机具
5	山东费县华源农业装备工贸有限公司	与手扶配套起垄机、覆膜机、中耕机、收获机
6	无锡开普动力有限公司	微耕机及配套收获犁
7	重庆华世丹机械制造有限公司	微型旋耕起垄机
8	连云港市元天农机研究所	大垄双行起垄、中耕、碎蔓、收获机具
9	龙岩诚德农业机械制造有限公司	与手扶配套起垄机、收获机
10	山西省农科院棉花所（运城）	起垄、覆膜、栽插机械
11	江苏金秆农业装备有限公司	起垄、碎蔓、收获机械

（胡良龙　张文毅　王公仆　等）

·········· **主要参考文献** ··········

胡良龙, 胡志超, 谢一芝, 等, 2011. 我国甘薯生产机械化技术路线研究[J]. 中国农机化 (6) :20-25.

胡良龙, 胡志超, 胡继洪, 等, 2012. 我国丘陵薄地甘薯生产机械化发展探讨 [J]. 中国农机化 (5) : 6-8, 44.

胡良龙,田立佳,计福来,等,2014.甘薯生产机械化作业模式研究[J].中国农机化学报,35 (5):165-168.

胡良龙,计福来,王冰,等,2015.国内甘薯机械移栽技术发展动态[J].农机化研究,36 (3): 289-291,317.

胡良龙,王公仆,凌小燕,等,2015.甘薯收获期藤蔓茎秆的机械特性[J].农业工程学报,31 (9): 45-49.

胡良龙,王冰,王公仆,等,2016.2ZGF-2 型甘薯复式栽植机的设计与试验[J].农业工程学报,32 (10) : 8-16.

裴岩,樊柴管,2016.对甘薯移栽机械的研究[J].当代农机 (9) :68-69.

施智浩,胡良龙,吴努,等,2015.马铃薯和甘薯种植及其收获机械[J].农机化研究,37 (4): 265-268.

王冰,胡良龙,胡志超,等,2014.链杆式升运器薯土分离损伤机理研究[J].中国农业大学学报,19 (2): 174-180.

吴腾,胡良龙,王公仆,等,2017.步行式甘薯碎蔓还田机的设计与试验[J].农业工程学报,33 (16): 8-17.

第六章
防灾减灾应急技术模式

甘薯作为重要的粮食、饲料、工业原料及新型能源作物，育苗期、生育期和储藏期贯穿一年四季，期间会遭遇低温、干旱、淹渍、病虫害等各种灾害，本章就甘薯育苗期、大田期、收获期和储藏期等可能出现的各种灾害因素，提出防灾减灾应急技术，供生产上应用。

一、育苗期防灾减灾应急技术

（一）苗床温度控制及长时间低温伤害

在北方多采用双膜（地膜＋小拱棚膜）冷床育苗，排种育苗后遭遇持续低温寡照会影响小拱棚升温，会对种薯造成一定伤害，表现为薯块萌芽性差、容易腐烂等。一般情况下短时间低温的影响小，可以不用采取特殊保温措施，长时间低温可采用夜间覆盖保温被进行保温。在气温变化剧烈的天气尽量推迟排种，若种薯在苗床遭受低温影响会明显延迟萌芽，出苗数量减少，容易腐烂，很多情况下晚排种十几天反而出苗早、苗量大。不同品种对低温的敏感性差别很大，有些品种如徐薯27的耐低温能力强，苗床短期低温对种薯的影响小，出苗正常。大部分品种对低温敏感，比较典型的是北京553，排种过早遭遇低温则出苗推迟，苗量明显减少。因此，北方冷床育苗需要适当推迟排种来规避低温影响，建议采用电热温床育苗，可保证出苗量和剪苗期。

（二）苗床覆膜后缺氧

种薯排入苗床后吸收水分开始萌芽，此时需要大量的氧气分解糖分等营养物质，要求苗床土壤能够提供足够的氧气，氧气不足会造成薯块缺氧闷死，薯肉呈现棕色坏死。在一般情况下埋入土壤2～3厘米的种薯可以从空气中获得足够氧气，产生的二氧化碳也可顺利释放，但覆盖地膜后空气交流受限，连续覆盖面积过大时会影响种薯呼吸，造成缺氧现象发生（图50）。一般冷床育苗覆盖地膜宽度不要超过1米，推荐在80厘米。电热温床等加温后土壤温度高，种薯呼吸更加强烈，耗氧量大，最好不要覆盖地膜，或者覆盖有透气性的无纺布等，在萌芽后及时去除地表覆盖物。缺氧现象比较普遍，轻者影响种薯的免疫力与生命活力，严重时出现坏死，曾有徐州育苗大户在大棚内为充分利用地面而全覆盖式排种，地膜连成一体，结果很快出现大面积腐烂，只有边缘及破洞处有少量薯苗，损失巨大。

图50 苗床缺氧造成种薯大面积腐烂

（三）苗床水分不足

种薯在萌芽过程中需要大量水分，水分不足会造成种薯萌芽少，薯芽生长缓慢，扎根少，出苗缓慢（图51）。排种育苗后因覆盖双膜，几乎无法从棚外获得水分，在利用越冬大棚时更容易出现缺水问题，主要原因是没有冬季雨水浸润、土壤墒情差、育苗时浇水不足。解决办法是在作畦前对苗床浇足水，作畦排种后再次浇大量水，保证在萌芽期有充足的水分供应。在排种后1周左右揭开地膜检查土壤墒情，如果发现偏干要及时补充水分，最好用滴灌带补水，通过缓慢渗透避免破坏表土层，根据需要浇水，不要揭开地膜，省工省力。

图51　大棚内土壤墒情不足造成出苗迟缓

（四）苗床淹水

露天苗床遇到强降水会出现畦内积水现象，长时间积水会造成种薯缺氧腐烂，在经常出现强降水的地区需要考虑积水问题，在作畦时预留排水沟，最好是做成高畦，即苗畦高于地面，这样就不会出现淹水现象，具体做法是先旋耕整平苗床地，划出畦面和空地，将薯块摆放在畦面平地上，从两边空地取土覆盖，使畦面高于空地，下雨后空地可作为排水沟降渍。

（五）苗床剪苗后的根部枯死

苗床剪苗2～3茬后会出现不同程度的局部坏死现象，表现为剪苗后的基部出现枯死发黑，严重时会引起种薯腐烂。这种现象发生的主要原因之一是剪苗后伤口感染杂菌造成的。剪苗伤口的愈合需要时间，温度越高愈合越快，夏季至少需要30

分钟进行愈合，春季气温偏低时需要的时间更长。雨天剪苗或剪苗后会立即浇水扰乱伤口愈合过程，此时环境杂菌会从伤口侵入，并顺维管束进入薯苗，造成坏死，严重时这些杂菌会通过这个通道进入种薯薯肉，造成薯块腐烂。因此，尽量不要冒雨剪苗，在剪苗后不要立即喷水，最好等半天时间再浇水施肥，建议采用滴灌浇水，不要浇湿薯苗，还可节约浇水量，自动化管理减少人工。

（六）苗床除草剂的使用

甘薯排种育苗后往往杂草长得更快，影响了薯苗的生长，对于大规模育苗基地，常用封闭型除草剂，使用后不能覆盖地膜，有地膜不能使除草剂顺利挥发，毒气残留在地膜下，遇到高温会对甘薯萌芽造成严重影响。露地不盖地膜可喷施乙草胺进行封闭，药液浓度不能过量，也不要在雨前进行，让除草剂尽量挥发或停留在地表，不能进入土壤。在没把握的情况下，苗床尽量不使用任何除草剂，在薯芽刚露出地面时进行人工拔草，及时将恶性杂草如苋菜、马齿苋等拔除，有条件的可在空地覆盖除草地布进行控制，防止药害发生。

（七）苗床施肥

苗床施肥不当也会造成很大问题，肥料有有机肥和无机肥，使用无机肥尤其是速效性肥料，如尿素等，要注意不能过量，避免氨气烧坏种薯。有机肥必须完全腐熟，作底肥时要考虑肥料的耗氧量，尽量不盖地膜，预防缺氧。豆饼类饼肥含蛋白质多，分解时会消耗大量氧气，同时释放氨气，容易对种薯产生不良影响，尽量不要用作基肥，或严格控制使用量，以每平方米 100～150 克为宜，提前施肥混匀。苗床施肥底肥宜采用几乎完全腐熟的有机肥，配合少量缓释性肥料，不盖地膜情况下可适当多施，温室大棚内少施，建议采用滴灌结合水肥一体化进行追肥，遵从少量多次的原则，看苗施肥，节约肥料，充分发挥肥效。猪羊牛粪肥中往往有草种，在施肥时多注意，尽量减少草种带入苗床的概率。施用有机肥还要充分考虑肥料携带甘薯病原菌的问题，在习惯以甘薯藤或薯干等作猪羊饲料的地区，存在病薯饲料残渣进入田间的可能，主要传播线虫、根腐病病原菌、蔓割病病原菌等，这些圈肥、粪肥尽量不要直接施入甘薯田。有条件的地区推广使用沼气池，利用沼液稀释后进行追肥，可避免病原菌再次进入田间。

二、大田期防灾减灾应急技术

（一）大田期连阴雨天渍害处置

甘薯喜旱怕涝，遇到连阴雨土壤水分饱和，空气减少，严重影响根系发育。因此，遇到强降水要及时开沟排水，尽量减少渍害发生。与其他作物相比，甘薯遇到水渍的生存能力强，一般淹没两三天不会整株死亡，但已经形成的薯块可能会出现腐烂，作为挽救措施，要及时排水降渍，通过中耕培土加高薯垄，增加根部透气性，再结合喷施叶面肥，会有比较好的产量（图52）。

图52　强降水造成涝渍

（二）大田期持续干旱应急管理措施

甘薯相对比较耐旱，特别是已经结薯的植株，耐旱能力更强，一般情况下生长中后期不会出现干旱致死，但产量品质受影响大。出现持续干旱时有条件的地方可适当灌水，北方山区丘陵水源紧张，很难进行浇水。在干旱地区规模化种植农场宜采用水肥一体化模式，根据生长需要及降水情况进行补水，可完全规避旱灾。常年干旱地区可使用保水剂，下雨时能够充分吸收水分，可保持自身重量几十倍的水分，干旱时缓慢释放供应甘薯生长所需，缓解干旱影响。

（三）大田期旺长的预防及应急管理措施

对于栽插较早的甘薯，在遇到土壤肥力偏高、高温高湿天气时容易出现旺长。旺长的基本条件是空气湿度大、气温高、土壤肥力高、土壤含水量高、土壤透气性差等，地上部制造的养分不能顺利向地下部运输，造成藤蔓积累过多，形成旺长。预防旺长可采用前期控氮，施用缓释肥，抬高垄体，采用中耕培土机将薯垄高度增加至25厘米以上，利于排水降渍，改善土壤通透性，促进块根膨大，进而及时消耗地上部光合作用制造的养分。具体可在封垄前后结合除草进行翻蔓，切断藤蔓节间飞根，中前期翻蔓可促进分枝生长，抑制主蔓，起到控旺作用。出现明显旺长趋势常用多效唑、烯效唑、缩节胺、矮壮素等进行控制，但用量过大容易出现药害，且控旺剂进入土壤容易形成残留，注意在雨前不要喷施，尽量让控旺剂停留在地面以上，避免随雨水进入土壤。还有些地方将二甲戊乐灵、甚至百草枯等稀释后作为控旺剂使用，一方面造成产品有害残留，影响食用安全，另一方面是除草剂进入土壤破坏土壤生态系统，增加残留风险，不宜使用。从安全角度考虑，推荐使用乙烯利进行控旺，因植物本身也会产生少量乙烯，在植物及土壤中形成残留的风险最小，且控旺效果较好。现在市面出现很多新型调节剂，如碧护等，更加绿色环保，可进行试用。

（四）大田期虫害应急管理措施

甘薯容易遭受害虫侵袭，分地上害虫和地下害虫。地上害虫主要是食叶类，如斜纹夜蛾、甜菜夜蛾、麦蛾等，暴发时会在短期内将甘薯叶吃光，大龄害虫的耐药性强，普通杀虫剂效果一般，此时推荐使用虫酰肼等反蜕皮激素类杀虫剂，对人畜安全，对需要蜕皮的害虫有特效。因甘薯在夏季生长迅速，新枝条生长快，可在短期内恢复功能叶指数，对产量的影响不大。现在比较严重的是地下害虫，主要指蛴螬、小地老虎、蝼蛄、金针虫等，小地老虎主要在苗期危害，夜间将薯苗咬断，造成缺苗，可用敌杀死在傍晚喷雾，注意喷施在垄顶，可有效防控。国内比较严重的是蛴螬与金针虫，往往在中后期开始危害，咬食薯块造成孔洞，严重影响商品性和产量，严重发生时会造成商品薯绝产。因蛴螬的虫龄与甘薯膨大同期，造成后期危害越来越重，防治困难。每公顷耕作层土壤有近2 000吨，少量农药施入土壤很难发挥作用，且后期藤蔓茂密，追药困难。北方甘薯主产区的蛴螬大部分是一年一代，以幼虫越冬，在5月化蛹羽化，在5月中下旬开始变成金龟子外出活动。因金龟子具有很强的趋光性，可通过布局黑光灯进行诱杀，一般连片大田每0.7公顷安装一台，每台价格在300多元，防治效果较好，连续多年虫口会越来越少，防治效果远超农药，北方薯区使用时间在每年4月底至10月初，对夜蛾类害虫也有很好的控制作用，正常使用时几乎完全不用杀虫剂。

（五）大田期草害应急管理措施

甘薯栽插后往往首先遇到的是杂草疯长，杂草种类多、生长速度快，影响甘薯的生长，如果不能及时消除草害，甘薯苗被杂草遮盖，得不到充足的光照和流动空气，生长势弱，同时杂草还具有很强的吸肥能力，与甘薯争肥，影响甘薯对养分的吸收。出现杂草旺长需要及时处理，可采取机械中耕培土清除杂草，结合提蔓施夹边肥等。目前广泛使用的控草技术包括栽插后用乙草胺等定向喷雾进行封闭，前中期使用精喹禾灵、盖草能等专用禾本科除草剂，喷施除草剂时注意避开雨天，尽量使除草剂停留在地表，不要进入土壤，避免残留。绿色栽培提倡人工及机械除草，除草尽量赶早，在杂草幼龄时拔除，最好能利用晴好天气晒死拔掉的杂草。幼龄杂草根系浅，很容易拔除，此阶段吸肥少，对甘薯影响小，一旦长大就多费人工，如苋菜、野苘麻、苍耳、龙葵等可长至1米以上，长高后根系深，而马泡瓜藤蔓生长非常快，夏季一株可覆盖几个平方米，和甘薯藤相互缠绕，清理极其困难，更应该在苗期拔除。还有一些恶性杂草如香附子类，叶面有很厚的蜡质，耐除草剂能力强，地下球根会逐步产生小球根，蔓延迅速，除草时注意及时将球根挖出，以绝后患。对于长期连片流转经营的土地，需要对杂草防控进行整体考虑，所有杂草包括地头路边要及时清理，建议采用割草机处理（图53），让杂草不能结籽，不要使用大剂量

图53 机械化中耕除草培土

草甘膦除草剂，避免污染耕地。田间杂草在土地空闲期间及时耕耙，将所有杂草消灭，没有产生种子的机会，这样杂草会越来越少，为以后防控创造良好条件。

（六）前茬除草剂等残留危害及应急处理

近年来多地出现甘薯栽插后生长不正常的问题，主要体现在苗期立苗困难、不发根、死苗缺苗、甘薯畸形增多、裂口增多等，这些和除草剂控旺剂等化学品残留有关。在生产上可见到上年度玉米田使用烟嘧莠去津等给下茬甘薯造成药害，严重时大面积死苗（图54）。小麦田除草时用苯磺隆等专杀双子叶植物的除草剂，使用不当也会造成残留，影响甘薯正常生长（图55）。还有很多大量使用多效唑、烯效唑等控旺剂造成的残留。预防除草剂、控旺剂残留要从多方面入手，首先要本着让除草剂、控旺剂停留在地表、不能进入土壤的原则，让这些有机化学品通过自然挥发、紫外线分解等进行降解，尽量不进入土壤中。具体做法是喷药时避开雨天，尽量减少药物使用次数与剂量，减少残留量。除草剂重点在封闭，控旺剂在封垄后根据天气与长势适当施用，尽量少用。生产上可通过冬季深耕冻垡、

图54　前茬除草剂残留造成死苗现象

图55　除草剂残留造成薯拐不能正常膨大

让残留物淋失与分解，夏季可通过多次耕翻让残留物暴露在阳光下分解。一旦出现疑似残留危害，若严重，则改种其他作物，若不太严重，则可采用及时中耕培土，追施复合肥，喷施碧护、芸薹素等助长恢复物质，水肥一体化模式可加大浇水量，通过增加土壤水分稀释淋失部分有害物质，揭掉地膜促进有害物质挥发。

三、收获期防灾减灾应急技术

（一）收获期遇到低温极端天气处理

甘薯收获期弹性大，北方薯区经常会遇到气温急速下降的情况，而甘薯又是喜温怕冷作物，收获期遭遇低温容易遭受冻害，甘薯遭遇低温耐储性变差，薯块糖分增加，伤口很难愈合，容易造成软腐。一般遇到严重霜冻时藤蔓冻死，但甘薯在土里可避免冻害，在寒流过去后趁晴好温暖天气抓紧收获，当天全部入窖，收获时尽量减少伤口，分拣仔细，避免带伤薯块入窖。入窖后最好采用高温愈合处理。收获前多关注天气预报，尽量在寒流前完成收获，避免损失，尤其是留种用甘薯，即便产量略低也不要等待。

（二）收获期遇到连阴雨天处理

甘薯收获季节遇到连阴雨会增加土壤湿度，降低土壤通透性，给收获带来困难，尤其是黏重土地收挖难度加大，用工量增加，甘薯容易受到伤害，水渍甘薯的耐储性变差。遇到雨水多的情况可根据天气预报适当提前几天收获一部分，减少损失，雨天不能收获，甘薯也不能淋雨，在晴好天气先将藤蔓割除，将地面暴露日晒，促进薯垄水分散发，待不太黏重时再行收获，宁可多等几天也不要在湿黏时挖薯。最好是在晴好天气上午挖薯，摆在地表晾晒促进愈合，下午装箱运回入窖。在雨季不要提前割蔓或机器切蔓，因收获季节气温低，伤口愈合慢，割蔓后不能及时收获伤口容易感染，杂菌从伤口顺维管束进入薯块，引起薯块软腐。割蔓要与收获同时进行，不要雨前割蔓等待多天再挖薯，这样会造成甘薯的耐储性差，严重时，几天后甘薯在田间大面积软腐。根据天气动向，到收获季节要开始挖薯，趁好天气尽快收挖，不要看到天气暖甘薯膨大快就等待，一旦变天，种植大户来不及收获，会带来严重损失，丰产不丰收。早收的甘薯耐储性好，作种薯用的甘薯要尽量提前收获，不要等待。

四、储藏期防灾减灾应急技术

（一）储藏前的愈合处理

甘薯收获及装卸运输过程中容易损伤表皮，刚出土的甘薯表皮娇嫩，容易遭受杂菌侵袭，收获后的愈合处理非常关键。常温愈合的理想条件是环境湿润，相对湿度85%～90%，有流动的空气，温度不要太高避免过度糖化，避免长时间直接日晒造成失水萎蔫以及糖化，甘薯糖化后会提高薯块的可溶性糖含量，过多的可溶性糖含量为病菌等提供了良好的繁衍场所，容易造成软腐。常温愈合可用风机吹薯堆，薯堆留有空隙能保证风力吹到所有薯块，要保持环境湿度略大，在吹风的过程中尽量不让薯块失水，一般吹风2～3天可完成愈合。愈合时不能留有死角，因刚收获的薯块呼吸强烈，会有大量水分通过呼吸作用释放出来，在死角处这些水分容易积聚成水珠，造成局部有明水，影响愈合处理效果，还容易感染杂菌引起腐烂。

对于雨季收获的甘薯可采用高温愈合处理。原理是通过对薯堆加温至37℃左右，在鼓风的情况下，促进伤口愈合，保持高温状态3个昼夜，然后迅速降温至12℃左右。通过加强呼吸将薯块内吸收的过多水分释放出来，表皮皮实，抗侵入能力提高，同时高温处理可明显抑制黑斑病、软腐病感染。高温愈合处理技术在我国开始于20世纪50年代，对北方薯区预防黑斑病起到了重要作用。高温愈合处理的缺点是增加加温成本，薯块失水偏多，甘薯的鲜艳度变差，在愈合过程中高温处理会诱发薯块萌芽，食味改变，高温状态呼吸加强，容易造成窖内缺氧，氧气不足会造成甘薯的免疫力变差。现在采取高温愈合处理较少，技术也难以掌握，只能用来进行应急处理。一般来说，雨季收获的甘薯耐储性较差，作种薯保存可采用高温愈合处理提高耐储性。再则在储藏过程中出现翻动情况，建议立即采用高温愈合处理，还有在储藏期间发现有黑斑病逐渐蔓延趋势时，可采用高温愈合，终止黑斑病的蔓延，减少损失。

（二）甘薯入库后的环境温湿度管理及应急处理

甘薯为活体，在储藏期间薯块内部水分与环境空气水分需要达到平衡才有利于储藏安全。甘薯水分的平衡点在85%～90%空气相对湿度低于这个湿度甘薯会逐渐失水，严重时造成萎蔫，影响生命活力，对耐储性和种薯的萌芽性均有明显影响，甚至发生软腐。而湿度过大又会造成甘薯表面凝露，为有害菌侵染创造条件。温湿度二者相互作用，温度高了甘薯呼吸加强，释放的水分增多，直接影响了空气湿度。因此，一个状态良好的储藏库温度在10～13℃、湿度90%左右，进入后感觉凉爽宜人，如果感觉到潮湿闷热，甚至雾气腾腾，说明温度偏高、湿度大了，需要立即降温降湿，首先将温度降至10～11℃，通过鼓风机将薯堆内的过多水分排出，内外温度平衡一致。品种之间薯块的耐低温性有很大差别，普通甘薯适宜储藏温度为9～13℃，而徐州甘薯中心培育的徐薯32的耐低温能力强，在6～7℃不会出现冻伤，可正常出苗。对于耐低温品种，需要将储藏窖温度适当降低，这样可使呼吸减缓、养分损失少，病菌孢子萌发受到低温抑制、病害减轻，甘薯的鲜艳度提高。在生产上要根据多方面因素制定温湿度控制方案，提高安全系数，减少损失。

（三）储藏库缺氧问题预防及应急处理

甘薯在储藏过程中会缓慢呼吸，消耗氧气，释放二氧化碳和少量水分，结果造成储藏窖内氧气含量逐渐减少、二氧化碳积聚，如果没有很好地通风换气，就会造成窖内缺氧、二氧化碳中毒。研究表明，窖内氧气含量的降低直接影响了甘薯的生命活力，在氧气含量降至5%时，所有甘薯均会缺氧闷死，农村地窖发生过工作人员进入储藏窖缺氧死伤事件。与温度与湿度相比，缺氧的危害更严重，极易引起整窖腐烂，且腐烂的甘薯因有机质分解，氧气消耗量增大，更加剧了缺氧状态。缺氧死亡的甘薯表现为表皮鲜艳，薯肉呈现棕褐色腐烂，整体性软腐，初期薯块形状完整，没有明显伤口，随后因快速失水变瘪缩小。北方地窖容易发生缺氧，目前因缺氧造成的储藏期腐烂占比较大，但因症状不明显，且大部分是多种原因重叠，容易被忽视。在储藏期间需要经常测定氧气含量，氧气含量偏低时要及时补充新鲜空气，在北方冬季严寒，不能直接开门通风，可在薯窖门附近搭建塑料大棚，冬季利用大棚白天热空气通过鼓风机加管道将新鲜热空气输入窖内，同时可将积聚的二氧化碳以及多余的水分排出，创造良好健康的窖内环境。

（四）储藏初期烧窖问题的预防及应急处理

北方甘薯储藏初期烧窖问题一直比较严重。所谓烧窖是指甘薯入窖后持续高温高湿，引起大面积腐烂，严重时几百吨在半个月内全部损失，给储藏大户带来了巨大风险。主要原因是刚收获的甘薯呼吸强烈，入窖后会消耗氧气，释放大量水分和二氧化碳，再加上部分薯皮破伤，在湿度大及缺氧的环境中伤口迅速感染，引起大面积腐烂，而严重腐烂又消耗大量氧气，腐液横流，引起更大面积的腐烂，同时温度升高，热气腾腾。曾有河南一储藏大户的数百万千克的甘薯在短期内出现烧窖损失，企业破产。烧窖现象的产生主要是入窖后通风不佳、薯窖储藏量大、空气流动空间小、甘薯没有得到充分愈合、多余的水汽不能及时排出造成。预防措施主要是增加窖内通风换气，通过鼓风机促进甘薯愈合，趁收获期气温不太低时加强窖内外的空气交换，将薯堆温度降至15℃以下。北方地窖自然通风困难，而白天空气温度偏高、湿度偏小、降温效果差，还容易引起薯块失水，此时建议在夜间利用轴流风机加上布管道向地窖强制通风，利用夜间温度偏低、湿度偏大的空气状况来降低薯堆的温度与湿度，促进甘薯愈合，持续时间根据气温和窖内愈合程度确定，一般在1周左右即可。徐州甘薯中心创制的大棚越冬储藏模式可彻底解决烧窖问题，也不会出现缺氧及湿度偏大的问题，在黄淮地区可以试用。储藏原理是利用冬季大棚白天采暖对薯堆加温，通过保温内棚在夜间维持薯堆温度，达到平衡状态。该设计由塑料大棚外棚和内部保温棚组成，利用透光外棚获取太阳光热量为薯堆加温，内棚用保温材料覆盖，在夜间能够保持薯堆热量，可用通风管道对内棚补充新鲜空气，进行热量交换，达到安全越冬的目的。在储藏初期气温偏高，让薯堆暴露在空气中进行自然愈合，提高储藏的安全系数。

（五）储藏期间大面积软腐的处置措施

甘薯储藏中后期因为一些原因会出现软腐，主要影响因素包括品种水分大、含糖量高、前期愈合力度不够造成感染，有些薯块在田里感染线虫等病害携带入库逐渐发展，黑斑病、褐斑病等病害感染，窖内温湿度失调等方面。出现少量软腐可用风机吹风，尽量让腐烂薯块失水变干，不要形成腐液流淌，同时注意温度变化，尽量将温度降低到允许低限。温度降低可减缓病菌孢子传播萌发，限制传播规模。对于含水量大、糖分含量高的品种，需要在窖内摆放时多留空间、延长吹风愈合时间，愈合彻底。干物率高的品种耐储性好一些，腐烂后也不会流淌腐液。对于软腐及黑斑病等发生严重情况，需要立即挑拣装箱，进行高温愈合处理，能够阻止腐烂进一步加重。

（李洪民　唐忠厚　等）

图书在版编目（CIP）数据

甘薯绿色轻简化栽培技术手册/全国农业技术推广服务中心，国家甘薯产业技术研发中心主编．—北京：中国农业出版社，2021.9
（中国甘薯生产指南系列丛书）
ISBN 978-7-109-28400-5

Ⅰ.①甘… Ⅱ.①全…②国… Ⅲ.①甘薯–栽培技术–手册 Ⅳ.①S531-62

中国版本图书馆CIP数据核字（2021）第120539号

中国农业出版社出版
地址：北京市朝阳区麦子店街18号楼
邮编：100125
责任编辑：李 蕊 黄 宇
版式设计：王 晨 责任校对：沙凯霖 责任印制：王 宏
印刷：北京中科印刷有限公司
版次：2021年9月第1版
印次：2021年9月北京第1次印刷
发行：新华书店北京发行所
开本：880mm×1230mm 1/32
印张：3.75
字数：90千字
定价：35.00元